図解即戦力

オールカラーの丁寧な解説で
知識ゼロでもわかりやすい！

データ分析の

基本と進め方がしっかりわかる教科書

これ1冊で

新田 猛 Takeru Nitta
木村尚登 Naoto Kimura
杉山貴章 Takaaki Sugiyama

技術評論社

書籍サポートページについて

本書の内容に関する補足、訂正などの情報につきましては、下記の書籍Webページに掲載いたします。

https://gihyo.jp/book/2025/978-4-297-14852-2

ご購入前にお読みください

- 本書に記載した内容は、情報の提供のみを目的としています。したがって、本書を用いた開発、制作、運用は、必ずお客様自身の責任と判断によって行ってください。これらの情報による開発、制作、運用の結果について、技術評論社および著者はいかなる責任も負いません。
- 本書記載の情報は2025年3月現在のものを掲載しております。インターネット上のサービスは、予告なく画面や機能が変更される場合があるため、ご利用時には画面、操作方法などが変更されていることもあり得ます。
- ソフトウェアに関する記述は、とくに断りのないかぎり、2025年3月時点での最新バージョンをもとにしています。ソフトウェアはバージョンアップされる場合があり、本書での説明とは機能内容などが異なってしまうこともあり得ます。

以上の注意事項をご承諾いただいたうえで、本書をご利用願います。これらの注意事項をお読みいただかずにお問い合わせいただいても、技術評論社および著者は対処しかねます。あらかじめご承知おきください。

はじめに

現代のビジネス環境において、データ分析は必須の取り組みとなりつつあります。Webのアクセスや機械の稼働といった社内の情報から、市場動向や競合他社の動きといった社外の情報まで、ビジネスのあらゆる側面がデータ化されています。このデータから価値ある洞察を引き出し、的確な意思決定につなげることが、今日のビジネスリーダーに求められる重要な能力です。

しかしデータ分析は、多くのビジネスパーソンにとって具体的なイメージを持ちにくい領域です。統計やプログラミングといった専門技術が必要で、また専門用語が多く、一見すると複雑で難解に感じられる要素が多いのが実状です。

本書は、データ分析の初学者であるビジネスパーソンを主な読者層としています。「データ分析とは何か」「ビジネスにデータ分析をどう活用できるか」という基本的な疑問から始まり、実際のプロジェクト遂行まで、段階的に学べるよう構成されています。

最大の特徴は、データ分析という取り組みの説明だけでなく、常にビジネスでの活用を軸にした解説です。理論や技術を、できるだけ専門用語や数式を用いることなく、実際のビジネスシーンに即した具体例を示して説明しています。また、データ分析をプロジェクトと捉えて、成功に導くためのチーム編成や進め方など、技術面以外の重要なポイントについても触れています。

本書を通じて、データ分析が皆様のビジネスに直結する身近な取り組みであることを実感していただけるはずです。初学者の方々が、データ分析の基礎を理解し、自信を持ってプロジェクトに取り組めるようになることが、本書の最大の目的です。データに基づく意思決定の重要性は、今後ますます高まっていくでしょう。皆様にとって、本書がデータ分析という取り組みの第一歩となることを期待しています。

2025年3月7日
新田猛、木村尚登

目次　Contents

1章
データ分析とは何か

2章
データ分析の目的と取り組む前の注意点

3章
データ分析の代表的な手法

4章
データ分析を支える周辺技術とツール

5章
データ分析プロジェクトの企画から準備まで

7章
データ分析の結果の評価

付録
組織でデータを活用するために

1章

データ分析とは何か

本章では「データ分析」とは何かを解説します。まず「データ」とは何かから解説し、データの種類、データから価値を引き出すDIKWモデル、データ分析が知識を引き出す重要な役割を果たす理由、そして、データ分析のゴールについて解説します。

01 データとは何か

現代社会では、数値データ・画像データ・音声データなどさまざまなデータが取得されていますが、この「データ」というものに対する理解が漠然としている方も少なくないのではないでしょうか。まずは「データ」とは何かを解説します。

データとは

データとは、事実や事象を数字や文字などの記号で記録したものです。具体的には、商品の売上データや顧客の購買履歴データ、Webサイトへのアクセスデータ、会話の録音データ、スマートフォンの位置データなどがあり、現代社会において取得されているデータは多岐にわたります。そして、データを分析することで得られる知識は、新しいアイデアを発想するきっかけや、重要な意思決定の根拠となるため、ビジネスにおいてもさまざまなシーンでデータが

■ データ、情報、知識の違い

「データ」を収集・加工し、「情報」に変換して、分析を行い洞察を加えることでビジネスに役立つ知識を得る

データとは

データとは、事実や事象を記録しただけの記号のまとまり

情報とは

情報とは、目的をもってデータを収集し、加工したもの

知識とは

知識とは、情報を分析した結果を踏まえて洞察を加えたもの

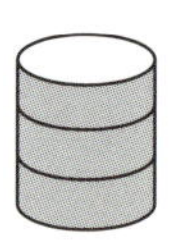

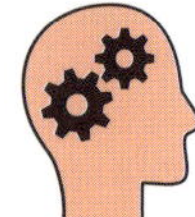

「知識」をビジネスに活かす!

例：
・今日はパンが30個売れた
・自社ブログのWeb記事のPV数が30%上がった

・パンは30個売れる日もあれば、日によっては15個、45個とバラツキがある。
・ブログ記事のPV数は日によって違う

・天候が悪いと伸び悩み、快晴の日は上がる!
・ブログ記事のPV数の変動は曜日によって規則性がある!

活用されています。

しかし、データはそのままでは単に事実や事象を記録しただけの「記号のまとまり」に過ぎず、人間がそのまま眺めるだけでは何もわかりません。**データをビジネスに活用するためには、目的を持ってデータの収集や選別、加工を行い、人間の理解できる「情報」という形へ変換する必要があります**。さらに、得られた情報に対し適切な分析を行って、その結果からビジネスに役立つ「知識」を得ることで、データをビジネスに活用することができます。

データは、個々のデータの性質やデータ全体の構造によって、いくつかの種類に分類されます。これらの分類は、分析の目的に応じた適切な分析アプローチを選ぶための重要な指標となります。ここでは、主要な分類とそれぞれの特徴について解説します。

質的データと量的データ

まず、データは個々のデータが持つ性質によって、「質的データ」と「量的データ」に分類されます。**質的データ**とは、数値ではなくカテゴリで表現されるデータです。性別や商品名、ランキングなどがこれに該当します。質的データには、その性質に応じて2つの尺度（分類や比較のための基準）が存在します。

1つ目の尺度は、他のデータと区別することだけに意味がある「**名義尺度**」といいます。性別や商品名は、名義尺度に該当します。2つ目の尺度は、データに順序関係を持たせる「**順序尺度**」といいます。ランキングは値の差の大きさに関係なくデータに順位付けをしたもので、順序尺度に該当します。順序尺度は、例えば売上ランキング1位と2位の売上の差と、2位と3位の売上の差が必ずしも一致しないように、順序の値の間隔には意味を持っておらず、順序の関係にのみ意味を持ちます。

一方、**量的データ**とは、年齢や身長、売上金額、温度などのように、数値の大きさそのものに意味があるデータであり、数量であるため和や差などの計算が可能です。量的データは、サイコロの目のように飛び飛びの値をとる「離散型」と、長さや重さのように切れ目なく連続的な値となる「連続型」があります。

また、量的データにも質的データと同様に、2つの尺度が存在します。1つ目の尺度は、順序関係に加え順序間の値の間隔を等しいとみなせる「**間隔尺度**」

です。摂氏温度などが該当します。間隔尺度は、データ間がどのくらい離れているか、という意味を持つため和や差を取ることはできますが、例えば「気温20度は気温10度の2倍暑い」ということは言えず、比例関係は成立しません。

2つ目の尺度は、順序関係、値が等間隔という性質に加え、「0」という基準点を持つ「**比例尺度**」です。「0」はデータが「何もない」ことを表し、長さや重さは比例尺度に該当します。比例尺度では0という基準点があることにより、「20kgは10kgの2倍重い」のような、比例関係の意味も持ちます。

■ 質的データと量的データ

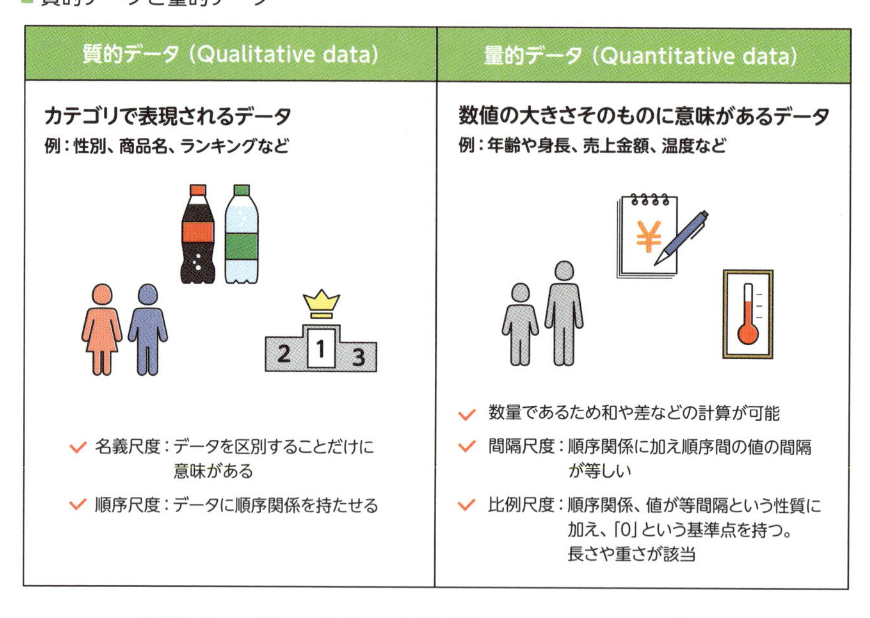

● **性質によって「やっても良いこと」と「やってはいけないこと」が存在**

データには、その**性質によって「やっても良いこと」と「やってはいけないこと」が存在**します。例えば、ランキングのように順序尺度に分類される質的データに対して、平均値を求めるのはやってはいけないことです。理由は、平均値という量がそもそも値と値の間隔が等しいことを前提にしているためです。もちろん、「1位に1、2位に2、…」と値を当てはめて平均値を計算することは可能ですが、それで求められた値に本当に意味があるかどうかは慎重に判断する必要があります。このように、対象としているデータの性質を理解し、分析の目的に対して正しいアプローチ方法を選択することは、データをビジネスに活用するうえで極めて重要な判断と言えます。

構造化データと非構造化データ

データは、全体の構造により「構造化データ」と「非構造化データ」に分類できます。**構造化データ**とは、あらかじめ「行と列」のような、決められた構造で整理されているデータを指します。代表例としては、Excelなどの表形式のスプレッドシートや、カンマ区切りのCSVファイル、リレーショナルデータベース（RDB）で管理されるデータが挙げられます。構造化データは、どこにどのようなデータが格納されているのかが決まっているため、目的に応じたデータの検索や抽出、集計などの処理が容易にできます。

■ 構造化データと非構造化データ

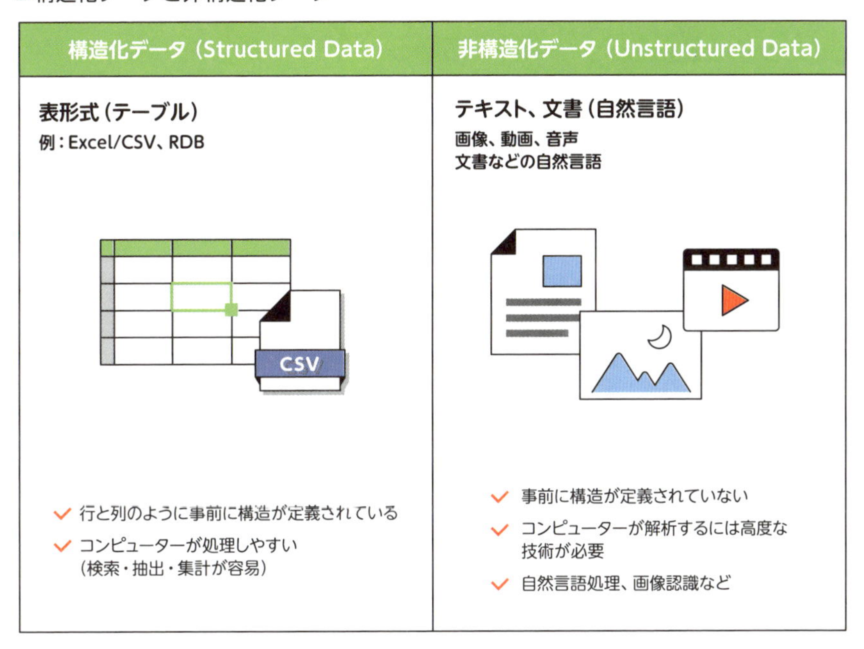

非構造化データは、あらかじめ決められた構造を持たないデータです。文書や、画像、音声、動画などは、発生したデータを加工することなくそのまま保

存することが多いため、その多くは非構造化データにあたります。人間にとっては親しみやすい形をしていますが、コンピューターを用いて処理をするためには、自然言語処理や画像処理といった高度な技術が必要になります。特に、非構造化データは構造化データに比べ、分析の難易度が高くなりがちな一方で、ビジネスへの活用アイデアがイメージしやすいため、安易に手を出し失敗する事例が多くあります。事前に技術的な実現性や費用対効果を必ず確認しましょう。

一次データと二次データ

データは性質や構造に加え、取得方法によって「一次データ」と「二次データ」に分類することもできます。

■一次データと二次データ

一次データ (Primary Data)	二次データ (Secondary Data)
自ら調査や実験を行って収集したデータ **例：Webアクセスログ、顧客アンケート、実験結果、フィールドワークなど**	**他者が収集して公開しているデータ** **例：政府の統計情報、市場レポート、学術論文など**
LOG	
✓ 課題や目的に合った精度の高い分析が可能（必要な情報を直接入手できる） ✓ データの正確性や信頼性を担保しやすい（収集過程が明確） ✓ 収集・分析の手間やコストがかかる	✓ コストや時間を節約できる（すでに整理された情報が利用可能） ✓ 中立的な立場で収集されたデータの場合、信頼性が高いこともある ✓ データの目的・精度が自分の課題に合うとは限らない ✓ バイアスが反映される可能性がある

一次データは、企業や研究者などが自己の分析のために調査や実験を行って収集したデータです。Webサイトのアクセスログや、顧客アンケートの回答、

実験結果、フィールドワークでの観察記録など、特定の課題やニーズなどに対し、その目的のために収集したデータが一次データにあたります。どのようにデータを収集したかが明確であり、かつ目的に即したデータが得られることから、精度の高い分析結果が得られるというメリットがあります。

二次データは、その分析のために収集したデータではなく、他者が収集して公開しているデータです。一般的な二次データとしては、政府が公開している統計情報や、市場レポート、学術論文などがあります。二次データの利用には、データ収集のためのコストや時間を節約できることや、中立的な立場で収集していること、などのメリットがあります。その一方で、自己の分析する目的に対して、他者が収集した目的が必ずしも合致しているとは限らないため、分析に必要なデータが十分に揃っていないこともあります。

加えて、顧客アンケートの集計結果など、データに何らかの加工が加えられている場合、データを加工した他者によって伝えたい何らかの意図や思惑がデータに反映されていることもあり得るため、利用する際には注意が必要になります。

まとめ

- データとは事実や事象を数字や文字などの記号で記録したものである
- データの性質：質的データか量的データか、構造化データか非構造データか、一次データか二次データか
- 分析対象としているデータの性質を理解したうえで、分析の目的に対して正しいアプローチ方法を選択することが重要

02 データから価値を引き出す4ステップ ～DIKWモデル

データからビジネスにおける成果を得るには、データをもとにして対象に関する傾向や規則性などを理解し、判断や処理に活かせるようになる「知恵」をつける必要があります。データから知恵を引き出すステップをDIKWモデルと呼びます。

DIKWモデルとは

「データをビジネスに活用する」という言葉をよく耳にしますが、データをそのままビジネスに活用することはできません。というのも、データの時点では、ただの事実や記録しただけの「記号のまとまり」に過ぎず、人間が分析して理解できる状態にはなっていないためです。つまり、データをビジネスに活かすには、データを何らかの基準で人間が分析できる状態に整理し、整理したデータを分析して対象に関する知識を獲得し、その知識をビジネスに活かす必要があります。このような、データから最終的に価値を引き出すプロセスとして広く知られているのが「DIKWモデル」です。

DIKWモデルではデータの価値を、「データ（Data）」、「情報（Information）」、「知識（Knowledge）」、「知恵（Wisdom）」の4つの階層で表現します。下の階層から上の階層に進むことで、データの価値を段階的に高めていく構造になっています。

■ DIKWモデル～データ（Data）、情報（Information）、知識（Knowledge）、知恵（Wisdom）のピラミッド構造

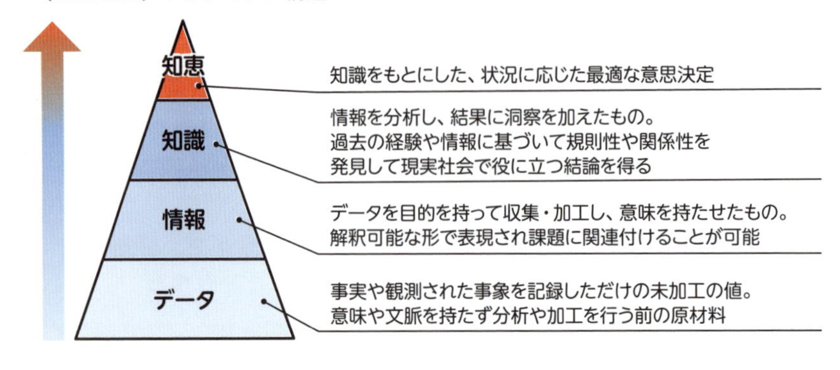

●データ（Data）

「データ」は、事実や事象を記録しただけの「記号のまとまり」で、そのままでは意味を持ちません。データは、加工や分析を行う前の原材料として位置付けることができます。

●情報（Information）

データを、目的を持って収集・加工し、意味を持たせることで「情報」になります。データを解釈可能な形に変換したものが情報であり、情報になってはじめて特定の状況や課題に関連付けて分析することが可能になります。

●知識（Knowledge）

情報を分析し、対象に関する傾向や規則性、関係性などといった特徴を明らかにしたうえで、その情報からどのようなことが言えるのかを洞察した結果が「知識」です。現在の情報だけでなく、過去の情報や経験なども加味して洞察を行うことで、よりビジネスに役に立つ知識を導き出すことができます。

●知恵（Wisdom）

DIKWモデルの最も上位の階層に位置するのが「知恵」です。知恵は、知識をもとにして行う処理や判断の内容そのものであり、この状態になってはじめて、状況に応じた最適な行動の選択が可能になります。つまり知恵とは、ビジネスにおいて重要な意思決定を下す能力そのものです。

DIKWモデルの具体例

例えば、商品の売上データについてのDIKWモデルの適用例を考えてみます。ある小売企業が、店舗ごとの清涼飲料水の売上データを持っているとします。この時点では、単に「店舗Aでは10月10日に商品Bが1000円売れた」という事実の記録に過ぎません。

このデータをさまざまな基準で集計・加工することにより、「商品ごとの月別の売上高」や、「天候ごとの商品別の売上高」、「顧客の属性ごとの販売個数」などの具体的な情報が得られます。

次に、これらの情報を分析し「気温が高い日は炭酸飲料の売上が伸びる」や「若い男性には大容量のボトル飲料がよく売れる」のような関係性が見つかります。さらに詳細に分析することで、「極端に売上が高い日について調べたら、近くのイベント会場で音楽ライブが開催されていた」といった発見もあるかもしれません。これらが知識です。この段階で**いかに有益な知識をたくさん得ることができるかが、最終的なビジネスの成果に直結**しており、重要なポイントです。

最後は、得られた知識に基づいて戦略的に判断や処理を行い、ビジネスの成果につなげる段階です。例えば、得られた知識をもとにして「夏季は炭酸飲料の仕入れを増やす」、「時季に応じて在庫の過不足を調整する」といったビジネス上の戦略を立てることができます。これがまさに、知恵そのものです。

■ DIKWモデルの具体例

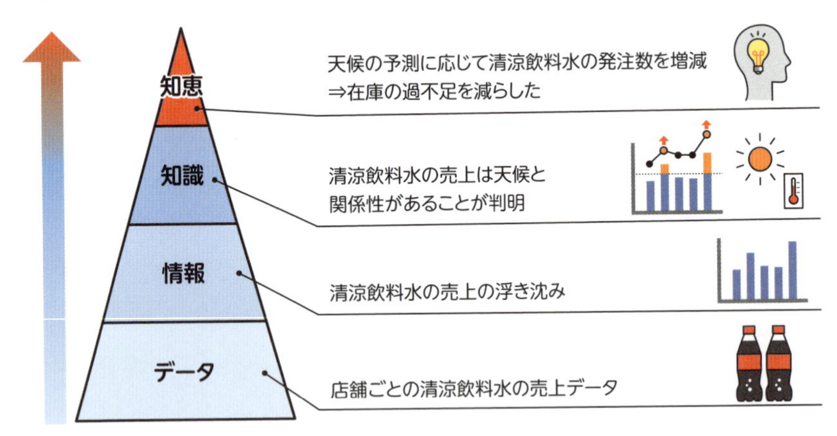

まとめ

- データを情報、知識、知恵へ段階的に変換するステップである「DIKWモデル」が有名
- ビジネス上で実際に成果を上げるのは知恵だが、いかに有益な知識をたくさん得られるかが成果を挙げる上で重要なポイント

03 情報をもとに知識を引き出すデータ分析

より高い成果を得るためには、知恵のもととなる知識が重要であることを解説しました。では、情報から知識を得るためには、実際にどのようなプロセスが必要なのでしょうか。そのプロセスである「データ分析」について解説します。

重要な役割を果たすデータ分析

企業のビジネス活動において情報は極めて大きな価値を持ちますが、そのままでは具体的な意思決定や課題解決にはつなげられません。情報の価値を十分に引き出すには、その情報から具体的に何が言え、どういった行動につなげることができるのか、という「知識」を得る必要があります。

そこで重要な役割を果たすのが、**データ分析**です。データ分析は、収集したデータに対し加工や集計、分類などを行うことで得られる結果を洞察し、そのデータの発生元となっている物事全体に関して言える傾向や規則性、関係性などの特徴を明らかにするプロセスです。

「データの発生元となっている物事に関する特徴を明らかにする」とは

では、「そのデータの発生元となっている物事に関する特徴を明らかにする」とはどういうことでしょうか。ここで「データ」というものが何であったかを振り返ってみます。「データ」とは事実や事象を記録しただけの「記号のまとまり」であると解説をしました。ここで留意すべきは、**「データ」はあくまで記録できたものに関してのみ存在しており、記録できていないものに関しては存在していない**、ということです。

仮に知識を得たい物事のすべてに関するデータが入手できれば、そのデータさえ分析すれば、得たい知識が得られるでしょう。しかし、現実的にはほとんどの場合、物事に関する一部のデータしか入手できません。データ分析や統計学においては、この「物事のすべて」を**母集団**、「物事の一部」を**標本**ともいいます。

そのため、さまざまな知識や技術を活用し、得られている標本に関するデータから、母集団にも言える傾向や規則性、関係性といった知識を明らかにしていきます。この傾向や規則性、関係性を明らかにするために重要な役割を果たすデータ分析の代表的な手法は第3章「データ分析の代表的な手法」で解説します。

■ 重要な役割を果たすデータ分析

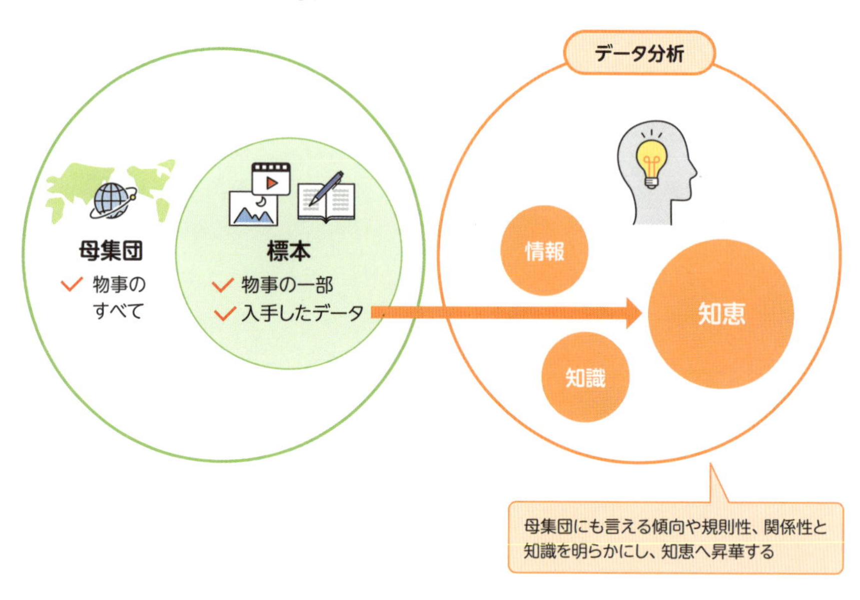

まとめ

- データ分析とは、そのデータの発生元となっている物事に関する特徴を明らかにするプロセス
- データ分析で明らかにする物事に関する特徴とは、傾向や規則性、関係性などがある

04 ゴールはあくまでデータを価値に変えること

データ分析のゴールは、単に知識を獲得することではなく、知識を知恵へと昇華させて良い成果を得るといった、価値を生み出すことにあります。ここでは、データ分析のゴール、ゴールとなる成果にはどのようなものがあるかを解説します。

データ分析により得られる成果

データ分析のゴールは、分析を完了し何らかの知識を得ることではなく、**良い成果を得るといった価値を生み出す**ことにあり、これこそがデータ分析の本来の目的といえます。そのためには、データ分析の結果として得られた知識を自身に留めておかず、具体的な行動につなげることが重要なポイントです。

●意思決定の精度の向上

データを分析した結果に基づいて意思決定を行うことで、**主観や経験に頼った曖昧な判断を減らし、客観的で確実な意思決定が可能**になります。例えば、商品の仕入れ量の調整や、製品の製造計画の立案といった経験則に頼りがちな業務について、市場データや過去の販売データを分析し、需要に関する客観的な知識を得ることで、意思決定の精度が向上します。

●新たなビジネスチャンスの創出

これまで気づかなかった傾向や関係性をデータから発見することで、新たなビジネスチャンスを創出できることもあります。例えば、市場データや顧客データ、販売データを分析することで、これまで気づかなかった顧客層を発見し、自社の新製品開発に役立てることができれば、新規顧客の取り込みといったビジネスチャンスをつかむことができます。

●リスクの低減

問題が発生した事柄に共通する特徴をデータから見つけ出すことで、問題の発生前に対策を講じることができます。例えば、交通事故に関するデータを分析し、どのような条件において事故が発生しやすいのかを把握することで、事前に対策を講じることができ、交通事故リスクを低減することができます。

●生産性の向上

効率の悪い業務プロセスをデータから特定することで、生産性を向上することができます。例えば、生産ラインにおけるログデータを分析し、ボトルネックとなっている工程を特定することで、ラインの組み換えや機器のメンテナンスといった対策を講じることができ、生産性を向上することができます。

●競争優位性の向上

データに基づいて論理的に戦略を立案することで、競合他社との差別化を図り、市場における競争優位性を向上することができます。例えば、ある食料品市場において、競合他社と価格や味による競争をしてきたが、市場や顧客のデータを分析し、料理の見た目や容器の形状を重要視する市場の傾向が確認できれば、競合他社に先駆けて差別化を図り、競争優位性を高めることができます。

■ データ分析により達成するゴール

意思決定の精度の向上

✓ 客観的な知識に基づき確実性が高い決定を選択

新たなビジネスチャンスの創出

✓ 従来気づかなかった傾向や関係性をデータから発見

リスクの低減

✓ リスクを事前に把握することで対策を講じる

生産性の向上

✓ ボトルネック工程をデータから特定

競争優位性の向上

✓ データに基づいた戦略立案で、競合他社との差別化

まとめ

- **データ分析のゴールは、分析結果を得ることではなく、ビジネスにおける成果を得るといった価値を生み出すこと**

2章

データ分析の目的と取り組む前の注意点

第1章ではデータ分析によってどのような成果が得られるかを解説しました。では、この成果はどのような目的を持ってデータ分析を行うと得られるのでしょうか。本章では、誤った目的を設定しないようデータ分析と混同しやすい用語や注意点を解説しつつ、データ分析の主要な目的を3点、例を挙げながら解説します。

05 データ分析の目的①
現状の正確な把握

ビジネスにおいて現状を正確に把握することは、成果を上げるために重要な第一歩です。現状把握としてのデータ分析の具体例も挙げながら解説します。

データ分析の主要な目的の1つ目は、現状の正確な把握です。正確に現状を把握することで、課題に対し的確な解決策を講じ、誤った判断を防止できます。

現状把握はデータ分析の第一歩

データ分析の主要な目的の1つ目は、現状の正確な把握です。企業において生成される膨大なデータをそのまま眺めても、経営や現場が今どのような状態なのか正確に把握することは難しいでしょう。そこで、「現状把握」を目的としたデータ分析を行います。

「現状把握」を目的としたデータ分析では、大量のデータを要約し特徴や傾向を理解するための分析手法を利用します。また、現状を直感的に理解するために、データを視覚的に表現する可視化手法も利用します。適切な手法を利用し正確に現状を把握できれば、課題に対し的確な解決策を打つことができます。

「現状の業務には何らかの問題があるはず」といった漠然とした課題を感じている場合、まず現状把握を目的とした分析を行い、何が問題なのかを理解することが、データを活用しビジネスの成果を挙げるために、重要な第一歩といえます。

●売上分析

ビジネスの現状把握の例として、まず売上分析が挙げられます。例えば、店舗別の売上を分析することで、各店舗の目標に対する達成状況が把握できます。さらに時間・日・月別や商品別の売上なども分析することで、「好調な店舗はAという商品の売上が不調な店舗に比べて1.5倍以上ある」「不調な店舗は20時

■ 現状把握はデータを分析する第一歩

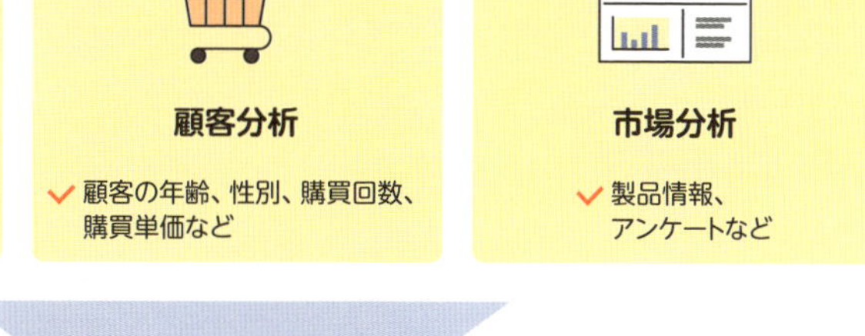

以降の売上が極端に下がる」などの、詳細な状況が見えてきます。これらの結果は、**自社が取り組むべき課題は何であるか、解決のためにどのような戦略を立てるべきか、についての検討**に活用できます。

●顧客分析

顧客データを分析することで、自社のビジネスがどのような顧客に対し、どういった状況なのかを把握できます。例えば、年齢や性別などの顧客の属性を切り口に分析をすると、「顧客は男性客が7割を占める」などの状況が把握できます。さらに、「購買回数」や「客単価」なども加えて分析を行うことで、「男性客は女性客に比べ顧客数は1/3であるが、平均客単価は2倍である」など詳細な状況が分かります。これらの結果は、**顧客層別のターゲティング施策の検討**に活用できます。

●市場分析

自社のデータだけでなく、市場に関するさまざまなデータを分析することで、自社が市場においてどのようなポジションにあるのかを把握できます。例えば、市場にある製品を分類し、自社の製品がどの分類に該当するのかを把握することで、市場にある製品の中でどの製品が競合であるかを把握できます。また、製品アンケートを分析することで、自社製品の強みや弱みについても把握できます。これらの結果は、**事業戦略の検討**に活用できます。

まとめ

- **データを分析し正確に現状を把握することは、データ分析の主要な目的の1つ**
- **現状を把握するデータ分析の結果を活用することで、効果的な戦略を立てられる**
- **ビジネスの現状把握の例としては「売上分析」「顧客分析」「市場分析」などがある**

06 データ分析の目的②
新しい出来事の結果の予測

データ分析の主要な目的の2つ目は、予測です。一般には、予測とは将来の出来事を推し量ることですが、データ分析における予測は、時間に限らず新しい出来事に対してどのような結果となるか、を推し量ることを指します。

○ 予測結果を活用した的確な意思決定

データ分析における予測とは将来の話に限らず、新しい出来事に対して起こる結果を推し量ること全般を指しています。例えば、「現在利用している製造機器を新しい製造機器に切り替えると、不良品の発生数はどうなるか」を推し量ることも、予測の1つと考えます。予測はさまざまな意思決定に活用できます。また、予測の精度が高ければ高いほど、意思決定は的確なものになるでしょう。

■ 予測結果をもとに的確な意思決定を行う

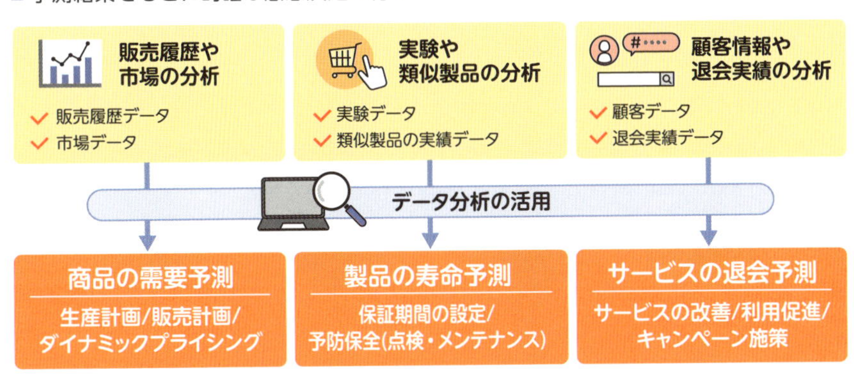

●将来の需要予測

将来の需要予測は、予測におけるメジャーなテーマの1つです。市場データや販売実績データなどから、将来のある時点において、商品やサービスの需要がどのくらいあるのかを予測するものです。需要予測は、製造業における生産計画や、サービス業におけるダイナミックプライシングなど、幅広い分野で取り組みが行われています。

●製品の寿命予測

将来の予測ではない例として、**製品の寿命予測**があります。例えば、新しい製品を開発する際、その製品はどのくらいの期間使用することで故障するのか、といった予測です。その製品の実験データや類似製品の利用実績データ、故障履歴データなどを用いて、どのような環境で、どの程度の頻度で、どういう使い方をした場合に、どれくらいの期間で故障するのかを予測します。予測結果は、製品の保証期間などのサービス内容の設定以外にも、点検やメンテナンスなど予防保全の時期を決める検討に活用できます。

●サービスの退会予測

需要予測や寿命予測では「100個」「5年」のように数量を予測しましたが、**「新しいデータが、2つの状態のうちどちらになるか」といった予測**もあります。これは、サービスの退会予測などに活用されています。退会予測では、過去の顧客データと退会実績をもとに、顧客を「1年以内に退会するグループ/しないグループ」に分け、新しく入会した顧客がどちらのグループに属するかを予測します。ここで、「する/しない」のように2つに分けるものを**二値分類**といいますが、「1か月以内に退会する/1年以内に退会する/1年以上継続する」のようにより多くの分類に分けることもでき、これを**多値分類**といいます。

まとめ

- **予測とは新しい出来事に対して起こる結果を推し量ることであり、データ分析の主要な目的の1つ**
- **予測結果を活用することで、的確な意思決定ができる**

07 データ分析の目的③ 物事の関係性の説明

データ分析の主要な目的の3つ目は、物事の関係性の説明です。関係性の説明とは、データ間の関係がどのようなものかを説明するだけでなく、「本当に関係があるか」を説明することも含まれます。

未知の課題や関係性を見つけ出し、新しく価値を創出

データを分析することで説明できる「物事の関係性」にはいくつか種類があります。代表的なものが**相関関係**という「複数の値について、ある値が変わると他の値も変わる」といった関係性です。「アイスクリームの売上」と「気温」は相関関係にあたります。

また、データを分類する分析を行うと、**包含関係**や**排他関係**などが説明できます。例えば、商品の購入者を分類することで「商品Aの購入者はもれなく商

■ 未知の課題や関係性を発見するためのツールとしてのデータ分析

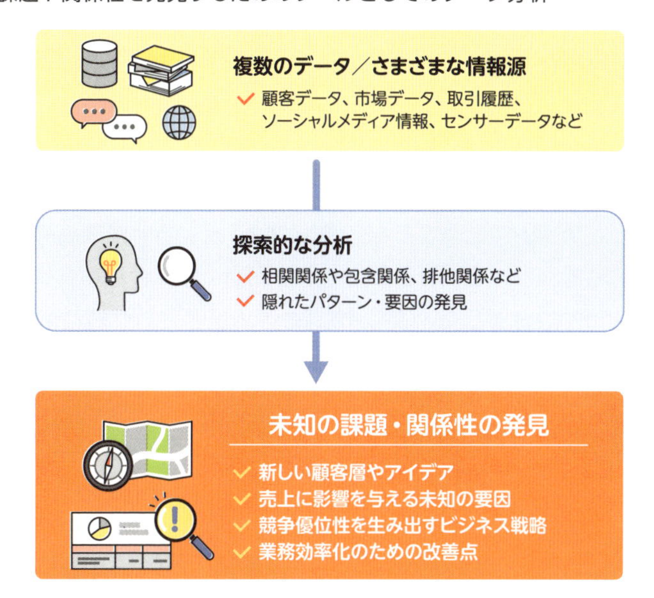

品Bも購入している（包含関係）」、「商品Aの購入者は商品Bを一切買わない（排他関係）」といった関係性の説明ができます。

さらに、データ間に「本当に関係があるか」自体を説明することもあります。これには**統計的仮説検定**と呼ばれる手法が用いられます。例えば、「新薬に本当に効果があるのか」や「その商品は本当に20代がたくさん買う傾向にあるのか」といったことを確かめて、説明するのに用いられています。

このような「物事の関係性」を説明する分析を、さまざまなデータに対し探索的に実施することで、これまで知られていなかった関係性といった、新しい気付きが得られる可能性があります。データ分析により未知の課題や関係性を発見できる具体例としては以下があります。

●アンケートデータの分析

「物事の関係性」を説明し、新しい気付きを得る分析の一例として、アンケートデータの分析が挙げられます。**アンケート**とは、関心のある事柄に関するデータを収集し分析するために、対象者に対し質問して回答を得ることです。例えば、商品購入者に対するアンケートでは、回答者の年齢や性別などの基本情報、1回当たりの購入金額、購入頻度などの定量的な質問を行います。加えて、その商品を購入した動機、商品に対して感じたこと、商品に関するエピソードなど、定性的な質問を行うこともあります。回答者の基本情報と定量的な質問の回答を組み合わせて分析することで、どのような顧客にどういった購買傾向があるか、といった知識を得られます。

他には、「商品に関するエピソード」のような自由記述の質問から、「どの単語とどの単語がセットで出現するか」（**共起関係**）という単語間の関係性を複数抽出し、それらをつなぎ合わせることで、単語間の関係性をネットワーク図として得ることができます。これにより、「この単語とこの単語は間接的に関係がある」という関係性に気付けます。

●センサーデータの分析

センサーデータを分析することでも、新しい気付きを得ることができます。例えば、製造業における生産ラインでは、生産設備の稼働状況を把握するためにさまざまなセンサーが取り付けられており、電圧や圧力、振動などのデータが収集されています。

各データ単体からは、通常、該当の工程に関する状況しかわかりません。ただ、複数の工程におけるデータを組み合わせて分析すれば、「ボトルネックとなっている工程はどこか」ということが見えてきます。さらに「ボトルネックの原因を生み出している工程はどこか」と**工程間の関係性にも気付ける**ことがあります。

例えば、ある工程で不良品が生産されたとき、その原因がラインのより上流工程であった場合、不良品が生産された工程単体のデータを見ても原因に気付けません。ただ、複数の工程におけるデータを組み合わせて分析することで、不良品を生み出す原因にまで辿り着けることがあります。

■ 未知の課題や関係性を発見できる例

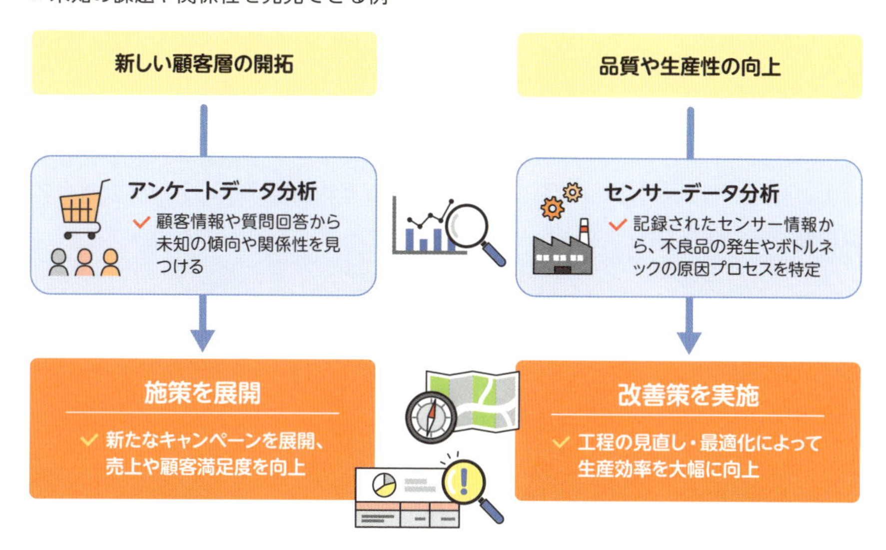

まとめ

- 物事の関係性を説明することは、データ分析の主要な目的の1つ
- 物事の関係性を説明することで、未知の課題や関係性を発見できる

08 混同を避けるため注意したい関連分野

データ分析について調べていると、AIや機械学習、ビッグデータなど、多くの関連分野、用語があることに気が付くでしょう。これらの用語とデータ分析の混同を避けるためにも関連分野、用語について簡単に解説します。

データ分析と混同しやすい関連分野

データ分析そのものは統計学や数学の知識に基づいた手法で実施しますが、データの収集や加工、可視化などのプロセスも含めるとさまざまな分野と関連しています。そのため、AIや機械学習、ビッグデータ、ビジネスインテリジェンスなどの関連分野とデータ分析を混同してしまうことが多々あります。関係者とのコミュニケーションにおいて認識の齟齬を起こさないためにも、データ分析と混同されがちな関連分野について、**それぞれの違いや、データ分析との関係性**について解説します。

● AI（人工知能）

AI（人工知能）とは、これまで人間にしかできなかった知的な活動を実現するための仕組みや技術を指します。複雑な数値予測、文章の要約や生成、画像認識などさまざまな目的で活用されます。

AIは、データ分析においても利用されることがありますが、あくまでもデータを分析するための手段の1つであり、**AIの開発自体はデータ分析の目的ではありません**。

また、AIはデータ分析において複雑な予測を可能にするものの、利用しなくても済む場合は利用をしない方が良いです。理由としては、多くのAIは内部構造が不明な「ブラックボックス」であるため、出力の根拠も不明になる場合がほとんどだからです。そのため、出力に誤差が発生する理由や、何を改善すれば結果が良くなるのかといったことがわからず、分析がかえって非効率になることもあります。

■多くの分野に関連するデータ分析

ビッグデータ
✓ 大量・多様なデータ。AIの学習データや、データ分析・データマイニングの対象

データエンジニアリング
✓ データを収集・集計・加工する技術

データ分析
✓ 統計手法や機械学習を用いてデータを分析。データマイニングを行うこともある

データ可視化
✓ データを直感的に理解するために行う視覚化

データマイニング
✓ 未知のパターン発見

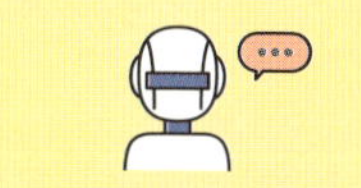

AI（機械学習／ディープラーニング含む）
✓ 知的活動を実現する技術でデータ分析の手段として利用

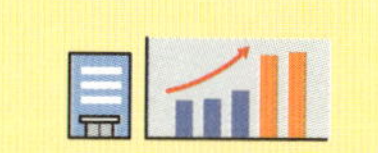

ビジネスインテリジェンス（BI）
✓ 企業の意思決定のための仕組み

- **AIはデータ分析の手段の1つで、機械学習はAIを実現する技術の1つ**
- **ビッグデータはデータ分析やデータマイニングの対象**
- **BIを実現するためにデータ分析や可視化を活用**

●機械学習／深層学習（ディープラーニング）

機械学習や深層学習（ディープラーニング）は、与えられたデータから規則性や関係性を見つけ出すアルゴリズム（計算手順）の総称で、近年のAIの実装にも幅広く用いられています。これらはデータ分析の観点でいえば、データ分析そのものと同義ではなく、**あくまでデータを分析するための手段の1つ**です。

機械学習では、あらかじめ用意したデータを「学習データ」や「訓練データ」と呼び、この学習データが多いほど、より正確に規則性や関係性を見つけ出せます。従来の機械学習では、画像なら色合い・輪郭などのデータの特徴量を、人間がデータを加工することでモデルに入力していましたが、この作業は難度が高く手間がかかります。そのような中登場したのが、深層学習（ディープラーニング）です。

深層学習（ディープラーニング）は機械学習アルゴリズムの一種で、従来の機械学習アルゴリズムと大きく異なるのは、特徴量を自動的に抽出できるよう工夫された深い層構造のニューラルネットワークを用いる点です。今日では画像認識や音声認識、自然言語処理などさまざまな分野で高い性能を示し、膨大なデータから直接パターンを学習できる点が大きな強みです。ただし、前述のAIでも解説したように、深層学習は大量の学習データを必要とし、出力の根拠が不明な場合が多いことには留意しなければなりません。

●ビッグデータ

ビッグデータは、近年のデジタル化の進展に伴い、爆発的に生み出される「膨大な量のデータ」を指す用語です。その背景には、ネットワークやストレージ技術の高度化、IoT機器の低コスト・小型化、位置情報などデータの種類の多様化、などがあります。

データ分析の観点でいえば、**ビッグデータだからといって分析の目的が変わったり、利用する手法が異なったりすることはありません**。ただし、データ量が多く、どうしても分析処理には時間がかかってしまうため、分析に利用する機械やコンピューターに高い性能が求められたり、複数機器で分析を分散処理する工夫が必要だったりと、往々にして費用が高額になる傾向はあります。

●データマイニング

「マイニング」は、地中から石炭や石油などの資源を採掘することを意味し、データマイニングは大量のデータの中から未知の規則性、関係性を見つけ出そうとする活動を指します。機械学習や統計手法を利用する点で、データ分析とよく似ていますが、目的やアプローチがやや異なる場合もあります。

データマイニングは、広義には「探索的なデータ分析」と同一視することもあります。一方、狭義には「仮説を先に立て、それを検証するアプローチを取るのがデータ分析」、「仮説を設定せず、とにかくデータを探って規則性や関係性を見つけようとするのがデータマイニング」と区別することもあります。**それぞれは、仮説設定の有無などアプローチの仕方に違いがある**といえるでしょう。

しかし仮説を設定せずに探索的に発見した規則性、関係性でも、それをビジネスで活用するには、本当にその発見が正しいか検証するプロセスは必要です。

●データエンジニアリング

データエンジニアリングは、データを効率的に収集、保存、加工するための仕組みを設計・開発する技術領域を指します。具体的には、データベース、データパイプライン（データが情報源からデータ分析者までへ届く流れ）、クラウドプラットフォームの設計・開発などが含まれます。データエンジニアはこのような技術領域を担当する技術者を指し、データ分析プロジェクトにおいて、**データを収集し分析するための土台を整える重要な役割**を担います。

●データ可視化

データ可視化は、データをグラフや表などを用いて、視覚的に理解しやすいよう表現することです。データ分析においては、収集したデータの全体像の把握、外れ値の確認、分析結果の解釈や評価など、**さまざまな場面でデータ可視化を行います**。

●ビジネスインテリジェンス（BI）

ビジネスインテリジェンス（BI）は、企業が意思決定を行うために、データを分析して得られた知識を活用する手法、もしくはその仕組みを指します。BIの目的は「**企業が的確な意思決定を行うこと**」にあり、そのための手段の一部としてデータ分析を用います。

BIツールとはBIを支援するツールを指しており、データの収集や加工に加え、各種経営指標を表示し意思決定がしやすいような形式（経営ダッシュボード）で可視化を行う機能を備えていることが多いです。

まとめ

- データ分析は広範な分野と深く関連している
- 関連分野の混同は、関係者との認識齟齬の原因にもなり得る

09 データ分析に取り組む前の注意点

データ分析は万能ではありません。不適切なケースでデータ分析を適用すると、分析結果が役に立たないことや、誤った意思決定につながることもあります。注意が必要なケースを解説します。

データ分析において注意するケース

データ分析は、すべてのケースに対して有効ではありません。手段としてデータ分析を用いることが適切でないことや、適切であっても実現性やコスト面を考慮したとき、他の手段の方が有効である場合があります。誤ったケースでデータ分析を実施すると、課題の解決につながらず時間とリソースの浪費になってしまいます。

■ データ分析が適さない場合の具体例

● 課題特性や外的要因によってはデータ分析が適さない

一般的に以下の「そもそも課題の解決にデータ分析を用いる必要がない」ケース、「データを収集できないものを分析しようとする」ケースにおいては、目的の見直しやデータ分析以外の手段の検討など、アプローチを見直した方が良いかもしれません。

●課題に対する解決策が明白な場合

課題に対する解決策が明白なときは、データ分析ではなく直接的な解決策を講じる方が適切といえます。例えば、システムに仕様との乖離や不具合が見つかった場合、仕様に合うように該当のソースコードの修正など直接的なアクションを起こすべきです。他には、法改正により従来の状態のままでは法令違反となってしまう場合、直ちに法令を遵守する状態に是正すべきでしょう。一方で、解決策を講じた結果を評価する際は、データ分析が有効な場合もあります。

●データが存在していない場合

データ分析は記録したデータをもとに行うため、当然ですが、**データが存在しないものについて分析はできません**。わかりやすい例としては「過去3年の売上分析」において、過去3年間の売上明細がデータとして記録されていなければ、分析は実施できません。ここで注意が必要なのは、「詳細な」データが記録されているかどうかです。例えば、日別の売上分析をするためにデータを集めようとしたところ、「自社では日別の売上データを保管しているが、代理店では月別の売上データしかない」という状況はよく発生します。詳細なデータがない場合は、目的に沿った分析の実施が難しいため、まずはデータの記録や収集に関する仕組みの見直しから始めましょう。

●データは存在しているが収集が困難な場合

「学習塾のマーケティングのために、対象地域に住む小学生1人1人の個人属性と成績情報を分析する」という場合を想定します。確実にどこかにはデータは存在し、分析が実施できれば有益な知識は得られるかもしれませんが、これらのデータを入手するのは現実的に困難です。分析テーマの検討を行っていると突拍子もないアイデアが挙がることは珍しくありません。

他には、「競合他社との差別化を図るため、競合先と自社の商品の購買傾向を比較しよう」というアイデアもよくありますが、そもそも競合先の商品の購買データや購買傾向データを入手する難度は相当に高いです。そのため、「**現実的に入手できるデータを用いて分析できる範囲**」を見定めて、取り組む内容は吟味しましょう。

●誤りが許されず、確定的な事実が必要な場合

データ分析の結果はあくまでも意思決定の補助として活用するものであり、確定的な事実が必要とされる問題に対しては適用するべきではありません。例えば医療において命にかかわる重病の確定診断や、法的に根拠の明示が求められる決定などは、誤りが重大な結果を及ぼす可能性が高いので、データ分析の適用は慎重に行うべきです。このような問題に対しては、**データ分析は補助的な手段として位置づけ**、医師・弁護士など専門家による診断・判断といった確定的な結果を保証する別のプロセスを組み合わせる必要があります。

まとめ

- **不適切なケースでデータ分析を適用すると、分析結果が役に立たないことや、誤った意思決定につながる**
- **「現実的に入手できるデータを用いてできる範囲」を見定めて、取り組む内容を吟味する**

3章

データ分析の代表的な手法

データ分析では、データから知識を得るために、統計学や機械学習に基づくさまざまな分析手法を使います。本章では代表的な分析手法と、それぞれの手法からどのような知識を得ることができるのか基礎を解説します。

10 データの関係性を明らかにする分析手法

「データの関係性を明らかにする」とは、データに含まれる特徴量間の関係性を明らかにすることです。ここでは、回帰分析や主成分分析、因子分析など、特徴量間の関係性を明らかにするための主要な分析手法について解説します。

データを構成する特徴量

データは通常、複数の「特徴量」で構成されます。**特徴量**とは、そのデータの発生元である物や事柄の特徴を、数値やカテゴリで表したものです。例えば「人間」に関するデータであれば年齢や性別、体重や身長など、「メロン」に関するデータであれば、重さや直径などが特徴量になります。

これらの特徴量の間には、「ある特徴量が分かれば、別の特徴量もわかる」などといったような関係性が存在することがあります。例えば「メロン」では直径が分かれば、重さがある程度はわかります。この関係性が具体的にどのようなものであるかを理解するために、関係性を「数式」という形で表現をします。

関係性を「数式」として表現することで、「特徴量間の関係性を説明する」、「特徴量間の関係性の強さを知る」、「ある特徴量の値が未知の値となったとき、関係性のある他の特徴量の値がどうなるのかを予測する」といった分析を行うことが可能になります。

回帰分析

関係性を「数式」として表現する代表的な手法の1つに「回帰分析」があります。**回帰分析**とは、1つの特徴量を「知りたい変数（y）」（**目的変数**といいます）とし、残りの特徴量を「知りたい特徴量を求めるための変数（x_1, x_2…）」（**説明変数**といいます）として、「yをxの関数$y = f(x)$で表す」ことを目指す分析手法です。例えば、売上高を目的変数とし、広告費や価格などを説明変数とすることで、「広告費や価格をいくらに設定すると、売上高はどのくらいになりそうか」などを考えることができます。

●線形回帰

回帰分析にはさまざまな種類がありますが、最も基本的なものが**線形回帰**です。線形回帰では、目的変数と説明変数の関係を1次式（直線）で表します。

- **単回帰分析**：説明変数が1つの場合の線形回帰（目的変数も1つあるので特徴量は2つ）

$$y = ax + b$$

- **重回帰分析**：説明変数が2つ以上の場合の線形回帰（目的変数も1つあるので特徴量は3つ以上）

$$y = a_1x_1 + a_2x_2 + \ldots + a_nx_n + b$$

線形回帰は、「散布図の上に特徴量間の関係性としてもっともらしい直線を引く」イメージと考えるとわかりやすいです。ここでいう「もっともらしい」とは、「実測のデータ点と数式から計算して得られる特徴量の値（直線や平面上の点）のズレ（誤差）が全体としてできるだけ小さい」ということを指します。また、この誤差を最小化する典型的な方法として、**最小二乗法**がよく使われます。

■ 線形回帰のイメージ

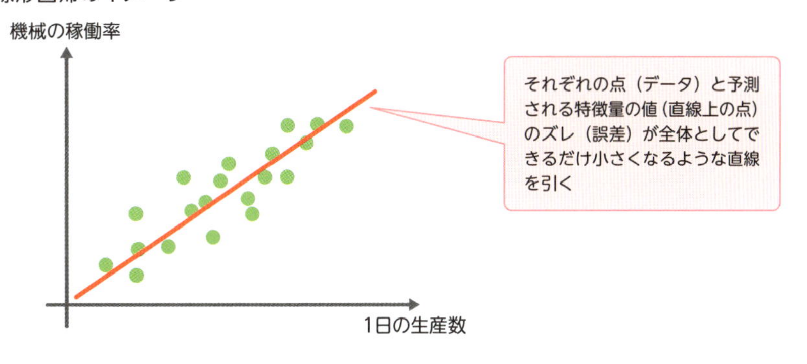

AI・機械学習による回帰分析

線形回帰は1次式を使うので、ある程度単純な関係性しか捉えることができません。しかし、実際のビジネスにおけるデータは、もっと複雑な関係性を持っていることがあります。そこで、**ディープラーニング**や**機械学習**を用いると、1次式だけでなく、より複雑な数式を表現できるため、大量のデータがある場合には、より精度の高い分析ができる可能性があります。

主成分分析

データの関係性を明らかにする分析手法として、回帰分析の他に次元削減も挙げられます。現実のデータには特徴量が数十や数百存在していることもあります。この大量の特徴量を対象に分析を行うと、

- **重要な特徴量がどれかがわからない**
- **PCなどの計算機を用いて分析をする際、膨大な時間がかかる**
- **グラフなどを用いた視覚的な分析ができない**

といった問題が発生してしまいます。このような場合に次元削減を行います。**次元削減**とは、多数の特徴量（高次元のデータ）を、できるだけ情報を失わずに少ない特徴量で表し直すことを目的とした手法です。

次元削減の代表的な手法として主成分分析があります。**主成分分析**では、元の特徴量が持つ「ばらつき」をできるだけ保つような方向（主成分）を見つけ、その方向にデータを圧縮（射影）します。特徴量の「ばらつき」に着目するのは、「ばらつき」が大きいほど、データ全体の傾向に大きな影響を与えている（＝情報量が多い）と解釈できるからです。また圧縮とは、複数の特徴量に「ばらつき」の大きさに応じた重みを与えたうえで1つにまとめ、新しい特徴量を作ることを指します。

主成分分析において、「最もばらつきが大きい方向」を**第1主成分**、「第1主成分と直交し、かつ次にばらつきが大きい方向」を**第2主成分**といいます。第2主成分は第1主成分では説明できないばらつきをできるだけ多く捉えられるよ

うに、第1主成分と直交するように設定されます。

■ 主成分分析のイメージ

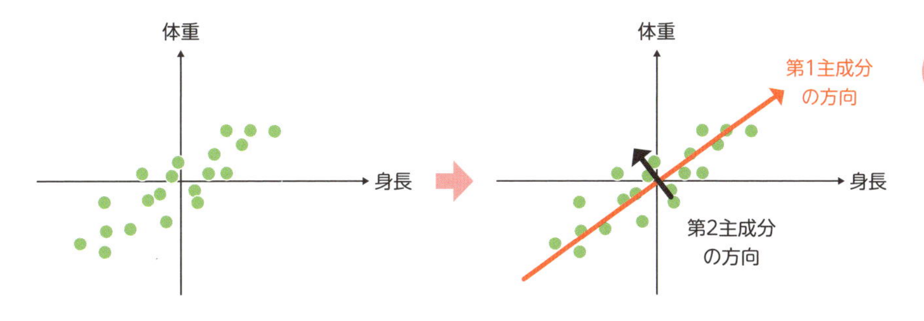

※ 身長と体重はそれぞれ、平均が0になるように軸の位置を調整している

因子分析

主成分分析に似た次元削減の手法として、因子分析があります。**因子分析**は「観測されたデータの背後にいくつかの共通因子が存在し、各特徴量は『共通因子からの影響』と『独自因子による影響』の合算で生じている」と仮定したうえで、共通因子を見つけ出す手法です。**共通因子**とはデータ全体にわたって影響を及ぼしている潜在的な要因で、**独自因子**とは特徴量ごとに固有の要因です。

因子分析では、データをこの2種類の因子に分解することで、各因子がどのような構造で特徴量に影響しているのかを分析します。結果として、「どのような共通因子があり、各特徴量はどのような因子を組み合わせたものか」が明らかになり、データの背後に潜む関係性を明らかにできます。共通因子を用いて特徴量を表現できるので、次元も削減されます。

●主成分分析と因子分析の違い

主成分分析と因子分析は次元削減という観点では似た手法ですが、

- **主成分分析は「観測された各特徴量から」主成分という新しい特徴量を作る**
- **因子分析は「共通因子という仮の特徴量から」観測された各特徴量を説明する**

という逆の流れですので、注意しましょう。

■因子分析のイメージ

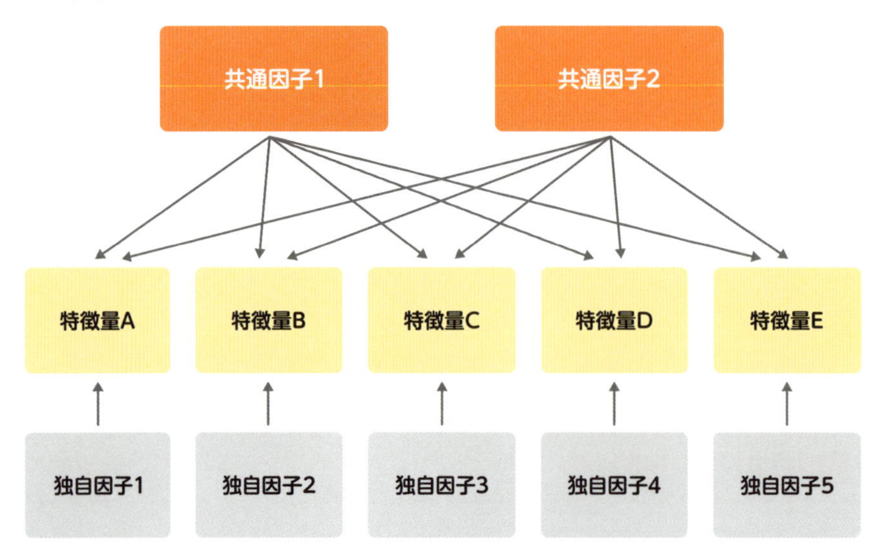

例えば、因子分析は「ある中学校の5教科分（数学、理科、英語、社会、国語）のテスト点数に見受けられる関係性の予想」にも利用できます。特徴量に各教科の点数を当てはめ、各教科ごとの点数に影響を及ぼす共通因子や独自因子を仮定します。

まとめ

- **回帰分析：目的変数を説明変数で表し、データの関係を数式化する手法（例：線形回帰）**
- **主成分分析：データの特徴を最大限保持したまま次元を削減する手法**
- **因子分析：データの背後にある共通因子を明らかにする手法**

11 データをいくつかのグループに分ける分析手法

データ分析では、データを特徴量に基づいて適切なグループに分けることも重要な分析です。ここでは、正解ラベルの有無に応じた分類とクラスタリングという代表的な分析手法を解説します。

グループ分けは重要な分析手法の1つ

データを特徴量に基づいてグループ分けすることは重要な分析です。例えば、メールに含まれる単語の情報から迷惑メールの可能性が高いメールを抽出することで、迷惑メールフォルダへの自動振り分けができます。他には、顧客をいくつかのグループに分けて別々のマーケティング施策を実行することで、顧客のニーズに合わせた最適なマーケティングができるようになります。そのための分析手法として、以下のようなものがあります。

分類

データの中に、各データがどのグループに属しているかを示す特徴量が含まれている場合、残りの特徴量を説明変数として「どのグループに判別されるか」の数式（ルール）を考えることができます。このような分析を**分類問題**と呼びます。

分類問題は、データの中にどのグループであるかを示す特徴量（正解ラベル）が含まれることが前提です。このように、データの中に正解を示す情報がある状況下で行う分析を**教師あり学習**といい、分類問題は教師あり学習の代表例です。

例えば、メールの文面から、迷惑メールか？正常なメールか？を判断する場合、過去に迷惑メールと判定されたサンプルデータを学習用データとして用いることで、新しいメールがどちらのグループに属するか分類できます。この「どちらのグループに属するか」を分類する仕組みを、**分類器（分類モデル）**と呼びます。

■分類のイメージ

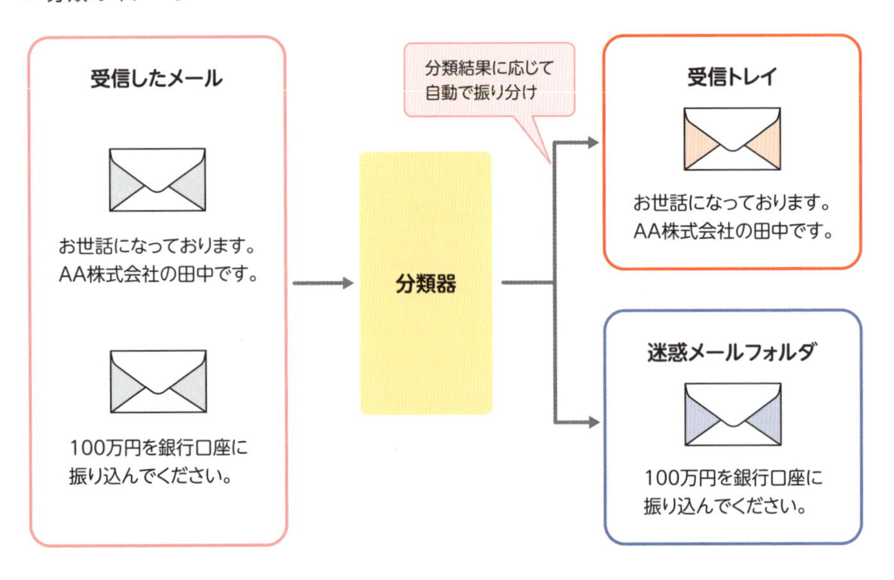

分類問題の代表的な分析手法としては、「**ロジスティック回帰**」や「**サポートベクターマシン（SVM）**」が挙げられます。また回帰分析と同様に、大量のデータがある場合には、ディープラーニングや機械学習の手法を使うことで、より正確に分類できることもあります。

クラスタリング

一方で、データの中にどのグループであるかを示す特徴量がないケースも考えられます。例えば、「Webマーケティングの施策を考える際、顧客を年齢・性別、過去の購買行動、アクセス履歴などに基づきグループ分けしたいが、どのようにグループ分けすべきかはっきりわからない」というケースです。

このように正解ラベルがない状態で、データ自体を分析しながらグループ（クラスタ）を作る手法を**クラスタリング**と呼びます。また、クラスタリングのように、データの中に正解を示す情報がない状況下で行う分析を**教師なし学習**といいます。

■ クラスタリングのイメージ

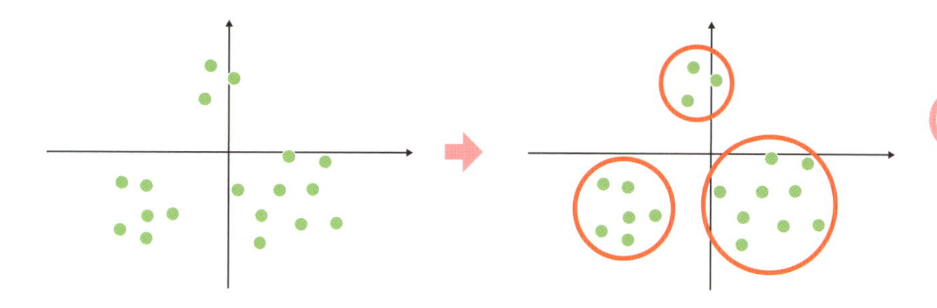

近いデータが同じグループにまとまるように、
いくつかのグループに分割する

クラスタリングの代表的な手法として「**k-means法**」が挙げられます。これは、クラスタの数を事前に決めておき、各データとクラスタの重心（同じクラスタに含まれるデータの平均値）との距離ができるだけ小さくなるようにクラスタに分ける手法です。

まとめ

- **分類：正解ラベルがあるデータを基にルールを作り、データをグループに分類する手法（例：迷惑メール判定）**
- **クラスタリング：正解ラベルがないデータを基に、各データの類似性からグループ分けする手法（例：顧客の購買行動のグループ分け）**
- **代表的手法：分類にはロジスティック回帰やSVM、クラスタリングにはk-means法**

12 データ間の差を比較する分析手法

ビジネスの意思決定では、データ間の差が偶然なのか、意味のある差なのかを判断することが重要です。ここでは、2つのグループ間の差を統計的に比較する仮説検定の手法を解説します。

施策の効果を考える際に役立つ分析

例えば、新しいWeb広告を試験的に一部のユーザーに対して公開したところ、従来の広告よりもアクセスが増えたケースを考えます。新しいWeb広告は従来の広告よりも有効かもしれませんが、実は有効ではないのに偶然アクセスが多い日だった可能性も捨てきれません。

このように「2つのグループ間で観測された差が本当に意味のある差か、それとも偶然生じたものか」を判断したい場面はビジネスではよくあります。そのようなときに役立つのが**統計的仮説検定**です。

●統計的仮説検定

統計的仮説検定では、まず次の2つの仮説を立てます。

- **帰無仮説**：差や効果がない（あるいは従来と同程度以下）という仮説
- **対立仮説**：差や効果がある（従来より高い）という仮説

新しいWeb広告の例でいえば、帰無仮説は「新しい広告の効果は従来の広告と同程度以下」で対立仮説は「新しい広告の方が従来の広告より有効」となります。

ここで、収集できたデータから測定した広告の効果が、「もし帰無仮説が正しいと仮定した場合に、どのくらい起こりにくい結果か」を確率的に調べます。もし「5%以下のめったに起こらない結果」であれば、帰無仮説を棄却して「新しい広告が有効（対立仮説が妥当）」と判断します。この帰無仮説を棄却するかどうかの基準を**有意水準**といい、一般的には5%に設定します。

■ 有意水準のイメージ

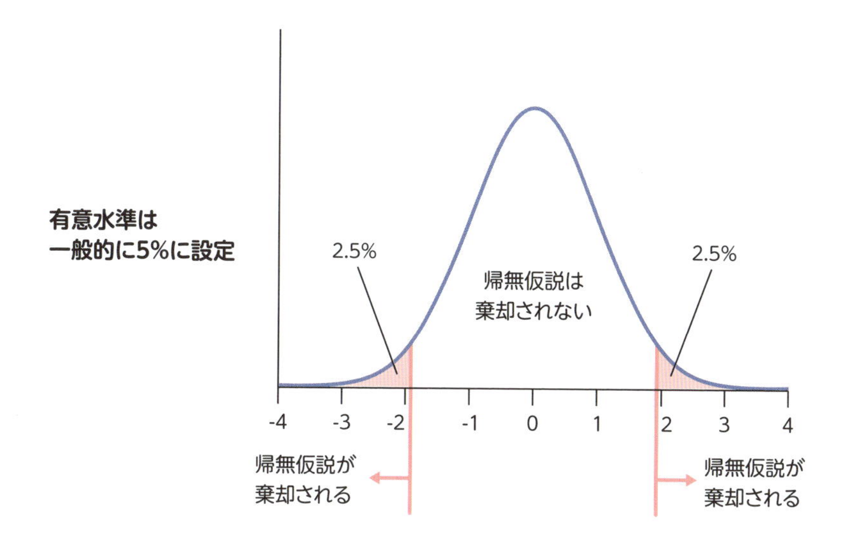

統計的仮説検定の注意点

ただし、統計的仮説検定をするときには、次の2種類の誤りにも注意が必要です。

- **第1種の過誤（偽陽性）**：本当は差や効果がないのに（帰無仮説が正しいのに）、誤って帰無仮説を棄却してしまう。いわゆる誤判定
- **第2種の過誤（偽陰性）**：本当は差や効果があるのに（対立仮説が正しいのに）、誤って帰無仮説を棄却しない。いわゆる見逃し

第1種の過誤と第2種の過誤が起こる確率はともに有意水準の設定に影響し、トレードオフの関係にあります。そのため理想的には、検定の方法やサンプルサイズについて、データを収集する前に十分に検討しておくことが重要です。

■統計的仮説検定における事実と結果の関係

結果＼事実	帰無仮説が正しい	対立仮説が正しい
帰無仮説を棄却しない	○	第２種の過誤
帰無仮説を棄却して、対立仮説を採択する	第１種の過誤	○

第１種の過誤と第２種の過誤が起こる確率はトレードオフの関係にあるので、データ収集前に検定の方法やサンプルサイズは要検討

※ 第１種の過誤と第２種の過誤については、第７章「36 分析結果の信頼性の評価」でも解説

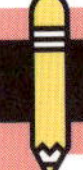

まとめ

- **統計的仮説検定：差は本当に意味があるか、それとも偶然かを判定する手法**
- **帰無仮説と対立仮説：帰無仮説（差がない）を棄却することで、対立仮説（差がある）が妥当と判断される**
- **誤りの種類：第１種の過誤、第２種の過誤に注意が必要**

13 データ間の因果関係を明らかにする分析手法

データの特徴量同士に関係性が見られた場合、それが相関関係なのか因果関係なのかを見極めることが重要です。ここでは、データ間の因果関係を明らかにする統計的因果推論の手法を解説します。

相関関係と因果関係

データの特徴量同士に何らかの関連が見られたとき、それが相関関係なのか、それとも因果関係なのかを見極めることは重要です。**相関関係**は「2つの特徴量の間に何らかの関係性がある」場合を指します（例：身長が高いほど体重が重い傾向がある）。**因果関係**は、「相関関係のうち、片方が原因となってもう片方を結果として引き起こす関係」を指します（例：気温が上がるとアイスクリームの売上が増える）。

■ 相関関係と因果関係～気温が高い日のアイスクリーム売上増

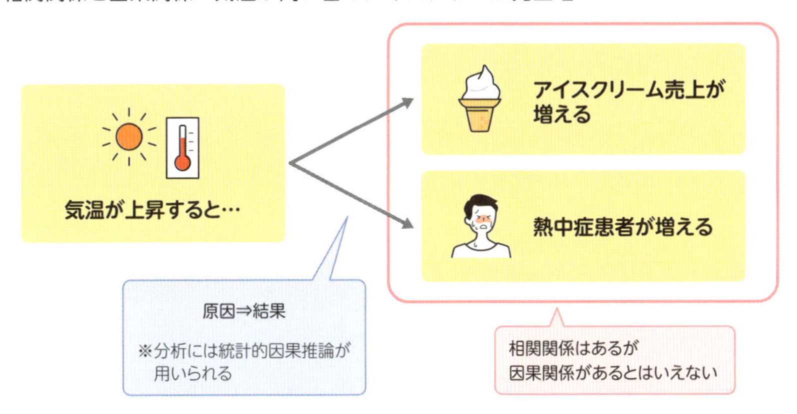

重要なのは、**相関関係がすべて因果関係になるとは限らない**という点です。例えば、気温が高い日は、アイスクリームの売上も、熱中症患者数も増えます。したがって両者は相関関係にありますが、「アイスクリームの仕入れを抑えて

売上を減らせば、熱中症患者数が減る」という結果にはつながりません。原因はあくまで「気温の高さ」にあり、アイスクリームの売上と熱中症患者数には直接の因果関係はないのです。

統計的因果推論

ビジネスで成果を上げるためには、何らかの相関関係がある2つの事柄があった場合、それが因果関係であるかそうでないかを判断することが重要です。「相関がある2つの事柄に因果関係にあるのか」をデータから明らかにする手法を**統計的因果推論**といいます。

統計的因果推論において因果関係を正確に推定するためには、「原因となる要因以外」の影響をできるだけ排除する必要があります。具体的な方法として、以下のようなものがあります。

■ 統計的因果推論の方法

方法	概要
ランダム化比較試験	新薬の効果を臨床試験によって検証する際によく用いられる手法。新薬を投与するグループと、そうでない（偽薬を投与する）グループをランダムに分けることで、新薬の投与以外の影響（例：年齢、性別など）を排除するようにデータを収集する。
差分の差分法	「勉強法Aと勉強法Bのどちらが成績向上に効果があるか」を調べたいケースなどで用いられる手法。各勉強法で勉強前後の成績の変化量を調べ、変化量そのものの差をとることで、勉強法についての影響のみを調べることができる。

まとめ

- **相関関係と因果関係：相関関係があっても、必ずしも因果関係があるとは限らない**
- **統計的因果推論：相関のある2つの要素が本当に因果関係を持つかを検証する**

4章

データ分析を支える周辺技術とツール

データ分析プロジェクトでは、効率的なデータの加工や高度な分析の実行のために、さまざまな周辺技術やツールを活用します。本章では、データ分析で利用される各種ツールについて、主要なプロダクトの紹介も交えて解説します。

14 ETL ツール

ETLツールは、データの抽出・変換・格納を効率化し、データ分析プロジェクトの前処理を自動化する重要な役割を果たします。ここでは、ETLの基本概念や代表的なツールの特徴を解説します。

ETLツールとは

ETLツールは、データ分析プロジェクトにおいて、データの抽出・変換・格納のプロセスを効率的に行うために活用されます。「ETL」は、**Extract（抽出）、Transform（変換）、Load（格納）**の頭文字を取ったもので、それぞれ以下の役割・プロセスを意味します。

■ ETLツールの役割・プロセス

役割	プロセス
Extract（抽出）	さまざまなシステムやファイルなど、複数のデータソース（データベースシステム、Excelなどのスプレッドシート、クラウドストレージ上のファイルなど）からデータを収集する。
Transform（変換）	データの誤りを修正したり、形式を統一したり、分析に適した形へ加工する。これらの作業を総称して「データ加工」と呼ぶこともある。
Load（格納）	加工後のデータをデータウェアハウス（大規模データ用の集中保管システム）やBIツールなどのシステムに格納し、分析や可視化ができるようにする。

■ ETL～Extract（抽出）、Transform（変換）、Load（格納）

ETLツールを利用するメリット

ETLはデータ分析の前処理として非常に重要なプロセスです。データ分析の結果が信頼できるかどうかは入力データの質に大きく依存します。そのため、ETLツールを利用して大量かつ多様なデータを効率的に扱い、**データの品質や一貫性を確保することがデータ分析プロジェクトの成功につながります**。ETLツールの導入によって得られるメリットとしては次のようなものが挙げられます。

メリット	内容
データを集約・管理できる	部署やシステムごとに分散したデータソースを集約し、統一的に管理しやすくする。
データクレンジング機能で分析の信頼性を高める	不正確なデータの除外、エラーの修正、重複データの削除といったデータクレンジングの作業を行うことによって、分析の信頼性を高める。
処理の自動化・効率化	データ加工の自動化やスケジューリングによって業務を効率化し、手作業によるミスも減らせる。
セキュリティとコンプライアンス強化	ユーザー権限の設定やログ監査機能を活用し、データ不正利用の抑止やトラブル時の追跡がしやすくする。

主要なETLツール

●AWS Glue

AWS Glueは、Amazon Web Services（AWS）が提供するサーバーレス型のデータ統合サービスです。ETLに必要な機能のすべてをAWSの管理の下で提供しているため、利用者はインフラ構築や運用管理の手間を軽減できます。

特徴	概要
サーバーレスアーキテクチャ	管理サーバーを用意する必要がなく、AWS Glue自体がクラウド上で実行されるため、スケールや負荷を自動調整。利用した分だけ課金され、運用コストを最小化しやすい。
データカタログ	抽出したデータのスキーマ（データ構造）を自動的に検出・登録する「AWS Glue Data Catalog」を備えており、データを一元管理できる。

多様なデータソースと連携可能	AWSの各種サービス（S3、RDS、Redshiftなど）はもちろん、外部のデータベースやSaaSアプリケーションとも連携し、ETL処理を簡単に実装できる。

●Fivetran

Fivetranは、クラウド環境向けのSaaS型サービスとして提供されているETLツールです。SaaS型のため、サーバー設置などの初期費用を低く抑えてすぐに利用を開始できます。

特徴	概要
ETL処理の自動化	データの抽出、変換、格納といったETLの処理が自動化されており、最小限の設定でデータ統合を始められる。
クラウドサービスとの連携・統合	Google BigQueryなどのクラウドデータウェアハウス（クラウド上で大規模データを保管・分析できるシステム）と簡単に連携できるほか、さまざまなクラウドサービスとの統合が容易にできる。
保守コストが不要	SaaSで提供されているため、サーバーのメンテナンスやソフトウェアのアップデートなどユーザーによるメンテナンスが不要で、保守にコストがかからない。また、利用量に合わせて自動的にスケールするので、データ量に変動がある場合にサーバーを待機させておく必要がない。

●Apache NiFi

Apache NiFiは、Apache Software Foundationが開発するオープンソースのETLツールです。無料で利用できることに加え、企業規模に合わせて複数台のサーバーを連携させ可用性や処理性能を高める「クラスタ化」を行うことで柔軟に拡張でき、自社のビジネス規模の成長に合わせた対応ができます。

特徴	概要
リアルタイムデータ処理に長ける	リアルタイムデータ処理に特に定評があり、IoTデバイスやクラウドアプリケーションからのストリーミングデータを効率的に取り込み・変換・転送できる。
Web UIで操作が完結	Webブラウザ経由のユーザーインタフェースだけで完結するので手軽に利用しやすく、操作が直感的に行える。
プラグインアーキテクチャ	プラグインアーキテクチャを採用しており、さまざまなプラグインを組み合わせて自由にカスタマイズできる柔軟性を持つ。

●dbt (data build tool)

dbtは、データ分析において「変換 (Transform)」の部分に特化したオープンソースのコマンドラインツールです。従来のETLの流れから「ELT」へシフトする際に、データウェアハウス上でのSQLベースの変換を効率化します。

特徴	概要
ELT (Extract-Load-Transform) の推奨	dbtでは、データはまず生 (なま) の状態でデータウェアハウスにロードし、その後SQLクエリを用いてウェアハウス上で変換処理を行う。このため、大規模データにもスケーラブルに対応可能。
SQLベースでの開発フロー	変換ロジックをSQLで記述し、dbtが依存関係などを自動で管理してくれるため、モジュール化・再利用がしやすい。
バージョン管理とドキュメント自動生成	Gitなどのバージョン管理システムと連携し、SQLモデルをソースコードとして管理可能。さらに、依存関係を解析してドキュメントを自動生成する機能を備える。

- **AWS Glue**：https://aws.amazon.com/jp/glue/
- **Fivetran**：https://www.fivetran.com/
- **Apache NiFi**：https://nifi.apache.org/
- **dbt (data build tool)**：https://www.getdbt.com/

まとめ

- **ETLの基本：データの抽出 (Extract)、変換 (Transform)、格納 (Load) を自動化するツール**
- **導入のメリット：データ管理の統一、データ加工の自動化、セキュリティ強化**
- **代表的なETLツール：AWS Glue、Fivetran、Apache NiFi、dbtなど**

15 BIツール

BIツールは、企業がデータを可視化・分析し、迅速かつ正確な意思決定を行うために利用されるツールです。ここでは、BIツールの役割と主要な製品の特徴について解説します。

BIツールとは

BIツール（Business Intelligenceツール）は、企業が収集したデータを分析し、経営や業務の意思決定に役立つ洞察を得るためのソフトウェアです。データの収集や処理、可視化、レポート作成といった機能を備えており、データに基づいたビジネス上の意思決定を支援します。例えば、データベースやデータウェアハウスから情報を取り出し、グラフやチャート、ダッシュボードなどの形式で視覚的に表示することで、ビジネスの現状や課題を直感的に理解しやすくします。

■ BIツールとは

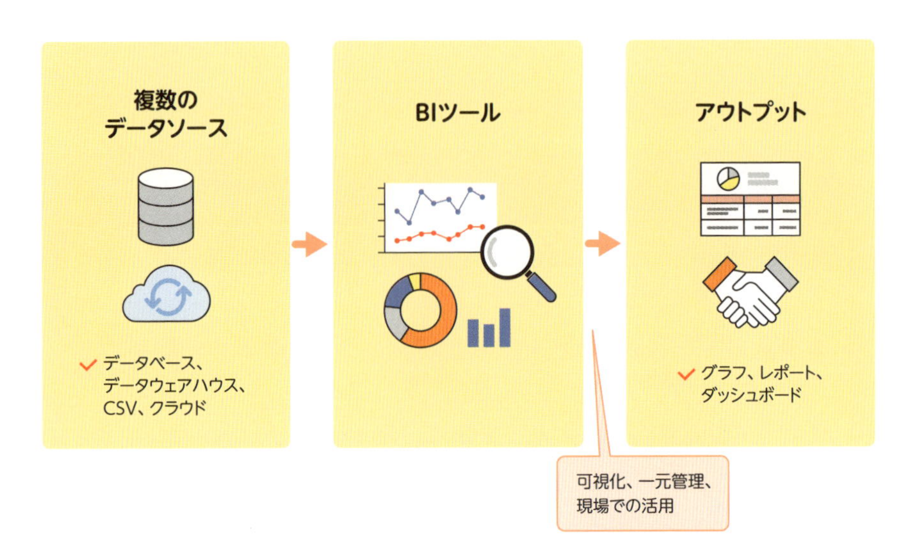

BIツールの役割

ビジネスの現場では、BIツールは次のような役割を持ちます。

役割	内容
データを見やすく可視化	複雑なデータをグラフやチャート、レポートやダッシュボードなどを使用して可視化し、誰でも状況を把握しやすくする。
データの一元管理による迅速な分析・意思決定支援	複数のデータソースを統合し、データを一元的に管理。これにより、膨大なデータでも短時間で集計・分析し、その結果をグラフやレポートで提示できる。最終的にはデータの分析結果を視覚的に見せることで、経営層の迅速な意思決定を支援。
現場レベルでのデータ分析活用促進	プログラミングやシステム開発の知識がない非エンジニアでもデータ分析ができるようにすることで、現場レベルでのデータ活用を促進。

主要なBIツール

●Tableau

Tableauは、直感的な操作性とデータのビジュアル表現に定評があるBIツールです。専門的な知識がなくてもドラッグ&ドロップによる操作だけでデータを分析し、多彩なグラフやダッシュボードを作成できます。

特徴	内容
データ連携と迅速な分析	さまざまなデータソースと連携し大量のデータをリアルタイムで処理できるので、ビジネスの状況をすばやく確認できる。
高度な分析機能をサポート	位置情報を使用して地図上にデータを可視化する「マップ機能」や、機械学習モデルとの統合など高度な分析機能をサポート。

●Power BI

Power BIは、Microsoftが提供するBIツールです。データの収集、分析、可視化、共有を一元的に行うことができます。

特徴	概要
Microsoft Office製品との高い親和性	Excelをはじめとする Microsoft Office製品との親和性が高く、Microsoft 365環境を利用している企業にとっては導入しやすいという強みがある。また、Microsoft Azureとの統合も容易。
多様な環境に対応	データベースやアプリケーションと接続できるようにするコネクタが豊富。さらにカスタマイズ可能なダッシュボード作成機能により、オンプレミスのデータベースからクラウドサービスまで、異なる環境からでもスムーズにデータを連携できる。
AIによる支援機能	自然言語による検索機能、データから得られる発見や示唆をAIにより提案する「インサイト発見機能」など、AIを使った支援機能がある。ただし、高度な統計分析には、RやPythonなどのプログラミングスキルが必要になることもある。

● Qlik Sense

Qlik Senseは、Qlik社が提供するオンプレミス向けのBIツールです。最大の特徴は「アソシアティブモデル」と呼ばれる独自の分析方法を採用している点で、データ間の関係性を自動的に可視化・分析することができます。

特徴	概要
アソシアティブモデル	従来のクエリ（問い合わせ）方式では見落としてしまっていたパターンや関係性を発見する。また、複数のデータソースをまとめて取り込み、それらの相関や関係性を即座に表示できる。
即時性・双方向性ある分析が可能	ユーザーがグラフやダッシュボードを操作（絞り込み、拡大など）することでその場で更新された結果が返ってくるような即時性・双方向性のある分析手法であるインタラクティブ分析が行える。
直感的なUI、AIとの連携機能	直感的なUIによって、技術スキルを持たないビジネスユーザーでも簡単に利用できる。さらに、AIを活用した高度な予測分析機能も搭載されているので、より深い洞察を得ることもできる。

● Amazon QuickSight

Amazon QuickSightは、Amazon Web Services（AWS）が提供するクラウドベースのBIツールです。Amazon S3やAmazon RedShift、Amazon RDSといったAWSの他のサービスとの連携が容易であり、大規模なデータの分析と可視化に対応できる点が大きな特徴です。

特徴	概要
データの規模に合わせた対応	クラウドサービスとして、データの規模に合わせて自動的にサーバーのリソースを調整できるため、小規模から大規模まで幅広い事業者、プロジェクトに対応できる。
独自のインメモリエンジンによる高速な分析	「SPICE」と呼ばれる独自のインメモリエンジンを搭載しており、数百万行以上のデータでもリアルタイムにインタラクティブ分析を可能にする。インメモリエンジンとは、メモリ上に大量データを読み込んで高速に解析・処理する仕組みで、従来のディスク中心の処理よりも格段に高速化できる。
AIによる可視化のアシスト	最適なグラフやチャートをAIが自動的に提案する「AutoGraph」と呼ばれる機能が備わっており、初心者でも効率的にデータ可視化ができる。
AWSだからこその安心	AWS全体のセキュリティ基準を利用できるため、セキュリティやコンプライアンス面でも安心感がある。

- **Tableau**: https://www.tableau.com/
- **Power BI**: https://powerbi.microsoft.com/
- **Qlik Sense**: https://www.qlik.com/us/products/qlik-sense
- **Amazon QuickSight**: https://aws.amazon.com/jp/quicksight/

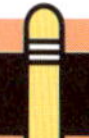

まとめ

- **BIツールの役割：データを統合・可視化し、経営や業務の意思決定を支援する**
- **導入のメリット：視覚的なデータ分析、迅速な意思決定、現場レベルでのデータ活用促進**
- **代表的なBIツール：Tableau、Power BI、Qlik Sense、Amazon QuickSight など**

16 AutoML

AutoMLは、機械学習のモデル構築プロセスを自動化する技術であり、機械学習の専門知識がなくても高度な分析や予測が可能になります。ここでは、AutoMLの仕組みと主要なツールの特徴について解説します。

AutoMLとは

AutoMLはAutomated Machine Learningの略で、機械学習におけるモデルの構築や選択、最適化などのプロセスを自動化する技術です。**モデル**とは、機械学習が学習の末に生成する「予測や分類のための仕組み」です。本来このモデルを作成するには、データの前処理や特徴量エンジニアリング、アルゴリズム選定など、専門家による多岐にわたる作業を必要とします。AutoMLはそれらの作業を自動化することで、機械学習の専門知識がないエンジニアやデータア

■ AutoMLとは

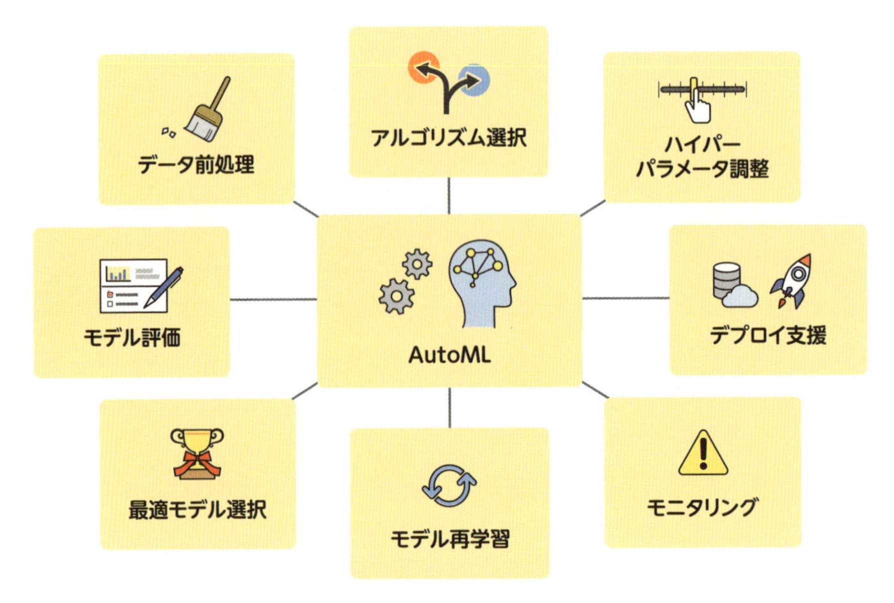

ナリストでも高性能なモデルを構築できるようにようになり、また専門家であっても効率的にモデルを構築できるようになります。そのため、AutoMLはデータ分析プロジェクトにおいても利用されています。

AutoMLツールの主な機能

AutoMLツールでは、主に次のような機能が提供されます。

機能	内容
データの前処理	欠損データ（空欄や不明値）の補完や削除、数値データを一定の範囲に正規化するスケールの調整、外れ値や異常値の検出と補正・除外など、データの前処理を自動化する。
アルゴリズム選択	タスクの内容に応じた適切な機械学習アルゴリズムを自動で選択する。タスクとは、機械学習の目的や課題・手法の種類を指し、分類、回帰、クラスタリング、時系列予測などがある。
ハイパーパラメータの調整	モデルの性能に大きく影響する「ハイパーパラメータ」を調整し、最適な値を設定。ハイパーパラメータとはアルゴリズムの「学習率」や「木の深さ」といった学習プロセスの挙動を制御するパラメータを指し、適切に調整することでモデルの性能が向上する。
モデルの評価	モデルの精度や安全性の検証、「評価指標」の計算を自動化する。評価指標とはモデルの性能を数値化して測定するための指標であり、正解率、再現率、F1スコア、平均二乗誤差などがある。
最適なモデルの選定	生成した複数のモデルを比較し、パフォーマンスが最も高いモデルを自動で選定・提示する。
モデルのデプロイ支援	実務で使用するアプリケーションへのモデルの適用（デプロイ）を簡単に行えるようにする。例えば、APIの生成やクラウド環境への反映などがある。
モデルの再学習	新しいデータを継続的に取り込んでモデルを更新し、時間が経つにつれてモデルの精度が劣化することを防ぐ。
モデルのモニタリング	モデルの精度が一定以上であるかを継続的に監視し、精度が下がった場合にはアラートを出すなどの機能を提供する。

これらの機能によって、企業は機械学習のプロセスを効率化し、データの活用を促進できます。

主要なAutoMLツール

DataRobot

DataRobotは、ビジネスアプリケーション向けに設計されたAutoMLプラットフォームです。直感的で分かりやすいユーザーインタフェースが特徴で、データをアップロードすると自動的に最適なアルゴリズムを選定して複数のモデルを構築します。

特徴	内容
用途に応じたモデル選定のしやすさ	モデルパフォーマンス（モデルの予測精度や誤差率など）を評価するダッシュボードがわかりやすい。ユーザーは、高い精度が必要か、計算速度が重要かなど用途に応じて最適なモデルを選択できる。
解釈性を重視	解釈性（Explainability）を重視している点も大きな特徴で、モデルがどのように予測を行っているかを詳細に把握できる機能を搭載している。
エンタープライズ分野での人気	大規模なデータセットや複雑なモデルにも対応しているので、エンタープライズ分野で広く導入されている。

H2O

H2Oは、H2O.ai社が開発し、オープンソースで提供されているAutoMLプラットフォームです。多くの機械学習アルゴリズムをサポートしており、オープンソースならではの自由なカスタマイズと拡張性が大きな特徴です。

特徴	内容
データサイエンティストにとっての使い勝手の良さ	Python、R、Javaといった主要なプログラミング言語を利用でき、Sparkなどのデータサイエンスツールとの統合も容易。データサイエンティストにとって使い勝手が良く、用途に合わせて柔軟な形で導入できる。
大規模データセットの効率的な処理	複数台のコンピューターのメモリにデータを分散して読み込み高速で演算する仕組みである「インメモリ処理」に対応しており、大規模なデータセット（分析や学習の対象となる一連のデータの集合）を効率的に処理できる。
高精度なモデルの自動選定	多くのアルゴリズムを並列でテストして精度が高いモデルを自動的に選択するため、高い精度が要求されるエンタープライズ向けのデータ分析プロジェクトでも広く採用されている。

●Amazon SageMaker

Amazon SageMakerは、AWSが提供している総合的な機械学習プラットフォームです。「SageMaker Autopilot」というAutoML機能を備えており、データの準備からモデル構築、ハイパーパラメータの調整、デプロイまでの全プロセスを自動化できます。

特徴	内容
リアルタイム推論API	機械学習モデルをAPI化し、外部アプリケーションから利用できるようにする機能を持つ。これにより、予測リクエストに対してリアルタイムで予測結果を応答することが可能。
エッジデバイスでのモデル運用	小型コンピューターやIoT機器などのエッジデバイスに機械学習モデルを搭載し、クラウドに常時接続しなくてもその場で推論を実行できるようにする仕組み。ネットワーク帯域や遅延の制約が大きい現場（製造ラインや遠隔地など）でも機械学習モデルを効率的に活用できる。
自動スケーリングと高い拡張性	処理するデータ量やリクエスト数に合わせて自動的にスケールアップ・スケールダウンするので、小規模から大規模まで幅広いニーズに柔軟に対応。
AWSの他サービスとの高い親和性	AWSが提供する他のサービスとの親和性が高く、Amazon S3やAmazon Redshift、AWS Lambdaなどとのシームレスな連携によって、大規模データ処理やエンタープライズ向けアプリケーションに利用できる。

●Vertex AI

Vertex AIは、Googleが提供しているクラウドベースの機械学習プラットフォームです。画像認識、自然言語処理、構造化データ分析（Excelなど表形式で整備されたデータを対象とする分析）など、さまざまな機械学習タスクに対応したAutoML機能を持ちます。

特徴	内容
GUI操作による画像分類モデル	画像分類モデルの構築では、WebブラウザでのGUI操作により簡単にモデルを構築できる。
Google Cloudの他サービスとの高い親和性	Google Cloudの他サービスとの親和性が高く、特にBigQueryやCloud Storageといったストレージサービスと連携することで、業務アプリケーションやWebサイトから収集した大量のデータを効率的に機械学習プロセスに組み込むことができる。また、生成した機械学習モデルはGoogle Cloud上にリアルタイムにデプロイして、すぐに業務上のシステムやアプリケーションにも活用できる。

- **DataRobot**：https://www.datarobot.com/
- **H2O.ai**：https://www.h2o.ai/
- **Amazon SageMaker**：https://aws.amazon.com/jp/sagemaker/
- **Vertex AI**：https://cloud.google.com/vertex-ai

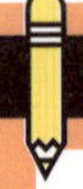

まとめ

- AutoMLの役割：データの前処理、アルゴリズム選択、ハイパーパラメータ調整、モデル評価、デプロイを自動化し、機械学習モデルの開発を効率化する
- 導入のメリット：専門知識がなくても機械学習を活用可能、迅速なモデル開発、高精度な分析が期待できる
- 代表的なAutoMLツール：ビジネス向けのDataRobot、オープンソースのH2O、AWSのAmazon SageMaker、GoogleのVertex AIなど

17 データ分析プラットフォーム

データ分析プラットフォームは、データの収集・加工・分析・可視化を統合的にサポートするシステムです。ETL機能やBIツール、データウェアハウスなどを1つのプラットフォームとして提供します。

データ分析プラットフォームとは

　組織においてデータを活用する際は、データの収集から加工、分析、可視化までの一連のプロセスを包括的にサポートするプラットフォーム型のパッケージやサービスも活用されます。これを総称して**データ分析プラットフォーム**と呼びます。データ分析プラットフォームを利用すると、さまざまなデータの収

■データ分析プラットフォームの全体像

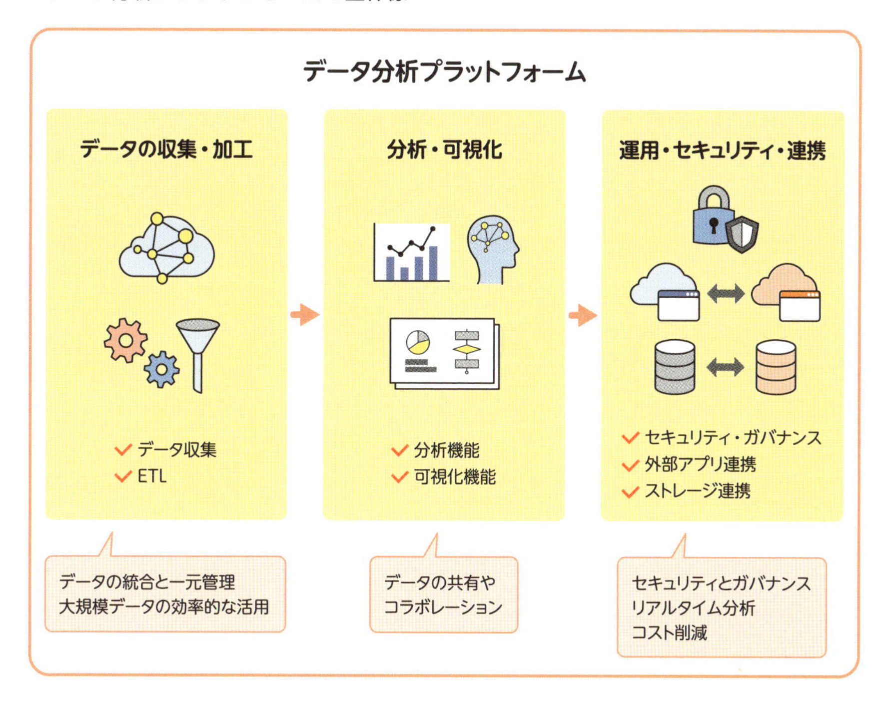

集から分析、破棄に至るまで、データのライフサイクルを一元管理でき、より効率的にデータドリブンな意思決定を行うことが可能になります。

一般的に、データ分析プラットフォームはETL機能や分析機能、可視化機能などを内包しており、各機能を連携させることで組織におけるデータ活用を一連のプロセスとして実行できるようになっています。それに加えて、強固なセキュリティ機能やガバナンス管理機能、外部アプリケーションとの連携機能なども提供されます。また、データ分析プラットフォームは、データレイクやデータウェアハウスといった**ストレージアーキテクチャ**（どのようにデータを保存・管理するかの設計思想）とも密接に関係しています。

■ データレイクとデータウェアハウス

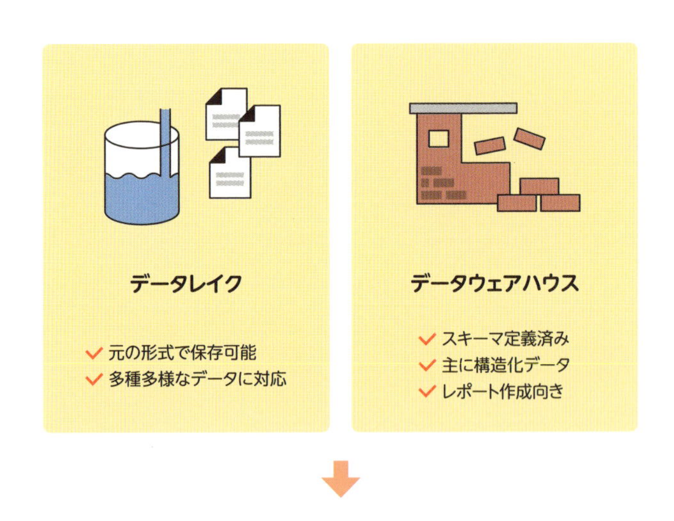

●データレイク

大量のデータを元の形式のまま保存するリポジトリ（保管場所・貯蔵庫）です。表形式の構造化データだけでなく、音声や画像、テキストなどの非構造化データなど、あらゆる種類のデータを保存できます。柔軟性が高いため、さまざまな種類のデータを大量に必要とするビッグデータ分析や機械学習などに利用するデータを蓄積する基盤として利用されます。

●データウェアハウス

企業内の**複数システムから大量のデータを蓄積しておくストレージ**です。データレイクとは異なり、「スキーマ」という事前に定義された表の構造、項目や型に基づいて、データを保存します。主に構造化データのためのストレージであり、BIツールを用いたレポート作成などの意思決定支援を目的としたデータの蓄積に利用されます。

●データレイクハウス

近年ではデータレイクの柔軟性とデータウェアハウスの整合性を両立させた「データレイクハウス」という新しい概念も登場しています。

データ分析プラットフォームを利用するメリット

データ分析プラットフォームを利用することで、企業は次のようなメリットを得ることができます。

メリット	内容
データの統合と一元管理	異なるシステムや形式のデータを一元的に管理できるため、データの集約や比較が容易になり、データの品質向上につながる。
大規模データの効率的な活用	ビッグデータ処理や分散コンピューティング技術を活用して、エンタープライズ規模のデータを迅速に分析できる。
データの共有やコラボレーション	部門間でのデータ共有が容易になり、社内全体で統一されたデータを活用できるようになる。
セキュリティとガバナンス	アクセス制御、監査ログ、データ暗号化などといった強力なセキュリティ機能を企業や組織全体で利用できる。コンプライアンス要件にも対応する。
リアルタイム分析	データの入力から分析、可視化までを一貫して実行できるため、最新のデータを反映させたリアルタイムでの意思決定が可能になる。
コスト削減	1つのプラットフォームで多くの機能を利用できるため、複数のツールを導入するよりもコストを抑えることができる。

オンプレミス型とクラウド型

データ分析プラットフォームには、大きく分けてオンプレミス型とクラウド型の２種類があります。

●オンプレミス型プラットフォーム

オンプレミス型プラットフォームは、自社が持つ専用サーバーで運用するため、セキュリティやカスタマイズ性に優れる一方で、導入に時間がかかることや、運用コストが高いといったデメリットがあります。社外のサーバーに持ち出せないような秘匿性の高い情報を扱う場合には、オンプレミス型が適しています。

●クラウド型プラットフォーム

クラウド型プラットフォームは、必要なリソースだけをインターネット経由で利用可能になるため導入や運用コストが安く、スケーラビリティ（拡張性）に優れるという強みがあります。インフラを自前で用意せずに済むため迅速な導入が可能で、メンテナンスの手間が比較的に抑えられる点も大きなメリットです。その反面、クラウド環境ではデータが外部のサーバーに保存されるため、秘匿性の高い情報を含むデータを扱う際には注意が必要です。

クラウド型プラットフォームとしては、データ分析に特化した専用のクラウドサービスの他に、汎用パブリッククラウドで提供されているデータ分析サービスがあります。以降は、主要なクラウド型データ分析プラットフォームのいくつかを紹介します。

主要なクラウド型データ分析プラットフォーム

●Databricks

Databricksは、Databricks社が提供しているクラウド型のデータ分析プラットフォームです。オープンソースの分散コンピューティングフレームワークであるApache Sparkを基盤として開発されており、大規模データの分散処理に強みを持っています。

●Snowflake

Snowflakeは、Snowflake社が提供しているクラウド型のデータ分析プラットフォームです。ストレージと計算機能を分離する独自のアーキテクチャを採用することで、スケーラビリティとパフォーマンスを向上させている点が大きな特徴です。

●AWSのデータ分析プラットフォーム

AWSでは、データ分析をサポートするためのさまざまなサービスが提供されており、それらを組み合わせて利用することで効率的にデータ分析を行うことができます。AWSで提供される主なデータ分析サービスとしてはデータウェアハウスサービスの**Amazon Redshift**や、前述したBIサービスの**Amazon QuickSight**、機械学習プラットフォームの**Amazon SageMaker**などあります。

●Google Cloudのデータ分析プラットフォーム

Google Cloudでも、データ分析をサポートするためのさまざまなサービスが提供されており、自由に組み合わせてデータ分析プロジェクトに利用することができます。Google Cloudで提供される主なデータ分析サービスとして、ビッグデータ分析に適したデータウェアハウスサービスの**BigQuery**や、データクレンジングサービスの**Cloud Dataprep**、前述した機械学習プラットフォームの**Vertex AI**などがあります。

●Microsoft Azureのデータ分析プラットフォーム

Microsoft Azureでも、データ分析をサポートするためのさまざまなサービスが提供されており、自由に組み合わせてデータ分析プロジェクトに利用することができます。Azureで提供される主なデータ分析サービスとしては、ビッグデータ分析に対応したデータウェアハウスサービスの**Azure Synapse Analytics**や、ETLサービスの**Azure Data Factory**、ストリーミングデータの処理に適した**Azure Stream Analytics**などがあります。

- **Databricks**：https://databricks.com/
- **Snowflake**：https://www.snowflake.com/

- **Amazon Redshift**：https://aws.amazon.com/jp/redshift/

- **BigQuery**：https://cloud.google.com/bigquery
- **Cloud Dataprep**：https://cloud.google.com/dataprep

- **Azure Synapse Analytics**：https://azure.microsoft.com/en-us/products/synapse-analytics/
- **Azure Data Factory**：https://azure.microsoft.com/en-us/products/data-factory/
- **Azure Stream Analytics**：https://azure.microsoft.com/en-us/products/stream-analytics/

まとめ

- **データ分析プラットフォームの概要：データのライフサイクルを統合的に管理し、データドリブンな意思決定を支援**
- **データの保存方法：データレイク（未加工データの蓄積）、データウェアハウス（構造化データの管理）、データレイクハウス（両者の融合）などのアーキテクチャがある**
- **代表的なプラットフォーム：Databricks、Snowflake、AWSのデータ分析サービス、Google Cloudのデータ分析サービス、Microsoft Azureのデータ分析サービスなど**

5章

データ分析プロジェクトの企画から準備まで

データ分析プロジェクトの全体像を解説したうえで、チーム体制の編成や目的・ゴール・目標設定、スコープの設定など、データ分析プロジェクトを企画する際に検討すべき要素を体系的にまとめ、プロジェクトを成功に導くためのポイントを解説します。

18 データ分析プロジェクトとは

ここでは、データ分析プロジェクトの基本要素を解説しながら、その特徴や進め方を紹介します。また、システム開発プロジェクトとの違いについて解説します。

データ分析プロジェクトの重要な要素

データ分析プロジェクトとは、ある目的を達成するためにデータを集め、分析し、その結果に基づいて何らかの意思決定や次の戦略の立案などを行う一連の計画、およびその活動を指します。企業が抱えるビジネス課題を解決したり、新たなビジネスチャンスを発見したりするために、データから価値を引き出すための取り組みです。単にデータを集めたり、グラフを作成して可視化したりするだけでは、「データ分析プロジェクト」とは呼べません。

データ分析プロジェクトの重要な要素としては、

- **目的が明確である**
- **目的達成の手段にデータ分析を活用する**
- **期間が定まっている**

の3点が挙げられます。

●目的が明確である

データ分析プロジェクトでは、プロジェクトの「目的」が明確に設定されていることが不可欠です。目的は、具体的なビジネス課題の解決（例：売上低迷の要因を突き止め改善する、顧客離脱率を低減する、など）や、意思決定の支援（例：新規事業の進出可否など）など、**プロジェクトの方向性を決定づける重要な要素**です。どのような種類のデータを集めるか、どの分析手法を用いるか、得られた分析結果をどう評価するか、すべてこの目的をもとに決定します。

●目的達成の手段としてデータ分析を活用する

データ分析プロジェクトの最大の特徴は、目的を達成する「手段」としてデータ分析を活用する点です。データ分析プロジェクトでは、プロジェクトの目的に応じたデータ分析を行い、その結果得られた知識を活用して課題を解決し、プロジェクトの目的を達成します。

つまり目的にはデータ分析により達成され得るものを設定すべきです。一方、データ分析の結果得られた知識をもとに、業務システムの構築や改修を行うケースもあるでしょうが、このような業務は、データ分析プロジェクトの本来の目的というより、別のシステム開発プロジェクト、または同じ目的を持つサブプロジェクトと考えるべきでしょう。

●期間が定まっている

データ分析プロジェクトでは他のシステム開発プロジェクトと同様、**明確な開始時期と終了時期（期限）を設定**します。日々の業務活動の中でデータを確認し、それをもとにオペレーションを遂行する場合、その業務はデータ分析プロジェクトの一環ではなく定常業務にあたります。定常業務はルール通りの業務遂行を目標とし、事業が存続する限り継続しますが、データ分析プロジェクトは目的を達成すればプロジェクトも完了します。もし、プロジェクトに期間が設定されていない場合、「とりあえず分析を続ける」という状況に陥り、必要以上に時間やコスト（人件費やシステム利用料など）がかかるといった問題が発生します。このような状況を避けるために、適切な期間を設定し、日々進捗を管理しながら目的達成に向けたスケジュールを遵守することが重要です。

■ データ分析プロジェクトの３つの重要な要素

データ分析プロジェクトとシステム開発プロジェクトとの違い

データ分析プロジェクトは、進行の流れはシステム開発プロジェクトと似ており、プロジェクト管理の手法にも共通する部分があります。ただし、次の点で大きな違いがあります。

■ データ分析プロジェクトとシステム開発プロジェクトの違い

	データ分析プロジェクト	システム開発プロジェクト
目的	データから情報を引き出してビジネス課題の解決や意思決定を支援することが目的。	業務効率化やサービス提供のためのITシステムを構築することが目的。
主な成果物	分析結果をまとめた「レポート」「ダッシュボード」(※)、もしくは予測などのモデル(※)の「プログラム」など。	「ハードウェア」や「ソフトウェア」、およびそれらを組み合わせた「システム」など。
プロジェクトの進め方	仮説検証(「Aという要因が売上に影響しているのはBか?」など)を何度も繰り返すなど、反復的な試行を前提に進めることが多い。	要件定義、設計、開発、テスト、リリースといった段階的な工程で進めることが多い。アジャイル開発などの反復型開発プロジェクトも近年増えている。
結果の不確実性	分析者のスキルやデータの量・質によるものの、大抵の場合はどのような結果が得られるのかは実際に分析をしないとわからないことが多く、不確実性が高い。	求められる要件が明確になっており、要件に対し技術的な課題がクリアできている、かつ十分なリソースを投入できれば、高確率で成果物を作り上げることができる。

※「ダッシュボード」とは、分析結果や指標(KPI)などの複数の情報を1つの画面の中にグラフや数値で見られる画面。経営層や現場担当が迅速に状況を把握し意思決定するために用いられる。

※「モデル」とは、特徴量同士の関係性を数式としてあらわしたもの。複雑な関係性であれば、機械学習などの手法を用いて数式化する。特に時系列データにおいて、時間と他の特徴量との関係性のモデルを将来予測モデルという。モデルをプログラミングしシステムに組み込むことで、社内向けツールや顧客向けサービスなど、さまざまな形態で利用できる。

データ分析プロジェクトを実施する上では、上記のような特性を理解し、柔軟なプロジェクト管理を行うことが重要です。

●その他の留意したいポイント

補足として、**予測モデルなどの「プログラム」が成果物になる場合**においても、どのような関係性を表したモデルなのか、何を特徴量にし、どのアルゴリズムを用いたのか、結果の精度はどうであったのか、などをまとめた「レポート」が併せて必要になることはあります。

また、**データ加工など処理に関するプログラムが成果物**になることもありますが、この際はシステム開発プロジェクトの成果物と類似しており、システム開発プロジェクトにおける品質管理手法やテスト技法が必要となる点もおさえておきましょう。

まとめ

- **「目的・手段・期間」の3要素が重要**
- **システム開発プロジェクトと類似しているが、成果物や進め方は異なる**
- **仮説検証を重ね、柔軟な管理が欠かせない**

19 データ分析プロジェクトの全体像

データ分析プロジェクトは、「分析の企画」「分析の実施」「結果の評価」の3つの工程からなります。ここでは、プロジェクトの大まかな流れを解説します。

企画→分析→評価の3ステップ

データ分析プロジェクトは、大きく**「分析の企画」「分析の実施」「分析結果の評価」の3ステップ**に分けることができます。基本的には、「分析の企画」で設定した目的やゴールに向かって、「分析の実施」と「分析結果の評価」を複数サイクル繰り返すことになります。有益な結果がなかなか得られないときは、「分析の企画」にまで立ち返り、目的に沿った分析となっているか、設定したゴールは適切であるか、を振り返ってみましょう。

■ 企画→分析→評価の3ステップ

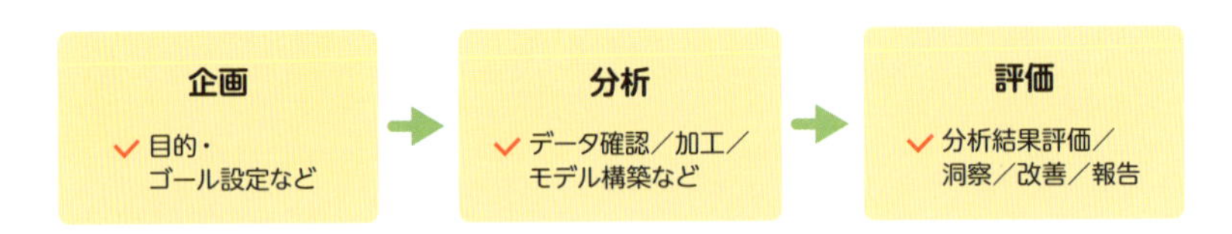

● 目的達成に向けて、「企画」をもとに「分析」「評価」を何サイクルも繰り返す。ときには企画を見直す必要がある

分析の企画

プロジェクトの目的を明確にし、目的を達成するためのプロジェクト全体を企画する段階です。分析の企画段階で実施すべき主なタスクとしては次のものがあります。

●プロジェクトの目的の定義

プロジェクトの**目的とは、そのプロジェクトを通して実現したいこと**です。例えば、「売上の向上」や「利益率の改善」、「顧客満足度の向上」などといったことを指します。プロジェクトを企画する際は、第一に目的を設定します。

●プロジェクトのゴールと目標の設定

プロジェクトの進行度や結果を客観的に評価するために、**具体的なゴール、および目標を設定**します。ゴールとは、そのプロジェクトの最終到着地点を指し、目標とはゴールに至るまでに達成すべきポイントを指します。ゴールも目標も、「新規顧客の獲得率を10%向上」「販売数を月間1,000件にする」など、定量的に測定しやすい形で設定するのが望ましいでしょう。ゴールや目標が曖昧だと、データ分析の成果を正しく評価できないため、効果的な施策につなげられない可能性があります。

●対象とする課題・仮説の設定

目標の達成を阻んでおり、解決しなければならないことを課題といいます。ビジネスにおけるデータ分析では、解決したいビジネス「課題」(例：商品Aの売上が伸び悩んでいる、店舗Bの顧客離脱が防げないなど）を設定し、データ分析を用いてどのように課題を解決できるかという「仮説」を立てます。仮説とは、「よくわかっていない物事に対する仮の説明」ですが、課題解決に対する仮説とは「事実であれば課題を解決できる説明」を指します。例えば、「Aという要素を改善することで業績が良くなるのでは？」といった説明です。課題や仮説は、明快で具体的な方が分析の方向性が定まり、課題の解決につながる結果が得られることが期待できます。

●スコープの設定

プロジェクトが対象とする範囲（スコープ）を明確に定めます。例えば、「国内のECサイトのみを分析の対象とする」「予測実行日を基準に3か月先の売上を予測の対象とする」といった形で**範囲を定めることで、プロジェクトが集中すべき課題や対象領域を明確化できます**。スコープの設定ができれば、最適なスケジューリングやリソースの配分にもつながります。ここで、試したことがない分析手法など、未経験の分析を行うのであれば、可能な限りスコープを絞ってスモールスタートを行い、うまくいかなかった際のリスクを最小化することも検討しましょう。

●費用対効果の評価

分析に必要となる人件費や、システムやツールへの投資、データ購入費などといった**コストを具体的に算出**します。それらのコストに対して、データ分析の結果からどの程度のビジネス効果（売上増、コスト削減など）が期待できるかを推定し、プロジェクトを実施すべきかどうかの必要性を確認します。

●分析方針の検討

「どのようなデータを利用し」「どのように加工を行い」「どのような分析手法を用いて」「どのようなアウトプットを作成するのか」を具体的に検討します。**明確な分析方針を策定**することが、プロジェクトの効率性と成果の質を高めることにつながります。

●データ収集の準備

分析に必要となるデータの特定や収集方法を検討し、実際にデータ収集を始めるため準備を行います。例えば「社内の顧客管理システムから取得する」「外

■ 企画立案～プロジェクトの目的を明確にして、分析の全体像を計画する段階

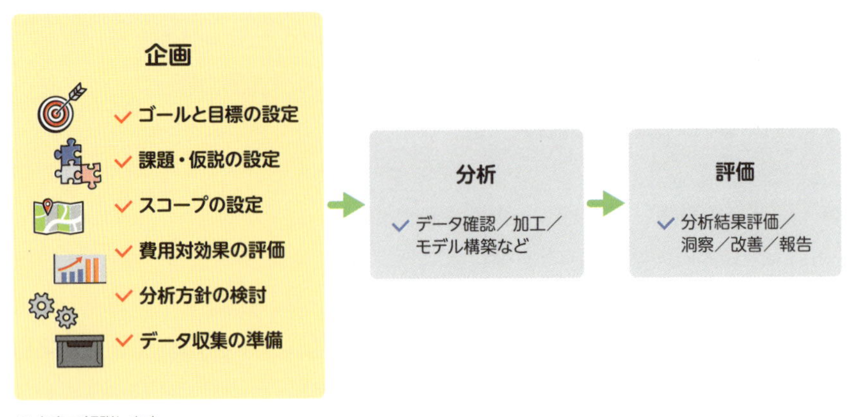

※本章で解説します。

部の企業からデータを購入する」「政府や自治体のオープンデータを利用する」など、**データの収集方法から必要なデータ量まで、具体的な計画を立てます**。また、データがプロジェクトの目的に適しているかどうか（品質や形式など）も事前にチェックしておくことで、後工程の手戻りを防げます。

分析の実施

収集したデータを基に仮説検証や予測などのモデル構築を行い、**課題解決に向けた知識を得る段階**です。代表的なタスクとしては次のものがあります。

●データの確認

実際に収集したデータの内容や品質が、**プロジェクトの目的に沿ったものかを確認**します。データの確認にあたっては、「生のデータをざっと見て、想定していたデータか」「どのような分布をしているか」「異常値や欠損値がどれくらいあるか」など、データの特性や傾向といった全体像をチェックします。ここで「このデータを分析することで目的は達成できそうか」や「分析に対し十分な件数があるか」などを確認し、本格的な分析に進むかどうかを判断します。

●データの加工（前処理）

収集したデータに対し、**実際に分析するために適した形式へデータを加工する工程です**。この工程は「前処理」とも呼ばれ、具体的には、データの形式の変換と統一、外れ値や欠損値の処置、順序の並び替え、複数のデータの結合、集計処理、などの作業を行います。この工程が疎かになると、後の分析結果に大きな悪影響が生まれる可能性があるため、非常に重要です。

●データの分析

データが準備できたら、**分析の企画の際に決めた方針にしたがってデータの分析を実施**します。具体的には、統計分析や機械学習によるモデリングなどがありますが、プロジェクトで設定されている分析の目的やデータの特性によって適切なデータ分析の方法は異なります。必要に応じて複数の分析手法を組み合わせることも検討します。

■ 分析～収集したデータを基に、課題解決に向けた知識を得る段階

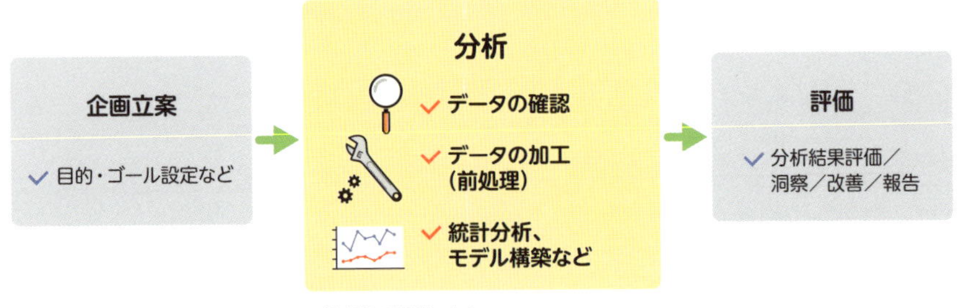

※第6章で解説します。

分析結果の評価

分析結果の評価や洞察を行い、プロジェクト全体の成果を報告する段階です。次のサイクル（改善）に向けたフィードバックも行います。この段階で実施すべき主なタスクとしては次があります。

●分析結果の評価

得られた分析結果を評価します。ただ漠然と評価するのではなく、あらかじめ設定した指標（例：有意水準、正解率、再現率など）に基づいて**定量的に評価することが重要**です。この評価が曖昧だと、導かれる結論をもとにした意思決定を誤ってしまう恐れがあります。

●分析結果の洞察

分析結果を深く読み解き、データの中に隠れている相関性や関連性、特異点などの、**さまざまな洞察（インサイト）を引き出します**。そして、それらの洞察がビジネスにどのような意義を持つのか（例：顧客ターゲットの変更、広告の配信先の最適化など）を検討します。

●分析の改善

データの収集方法や分析手法に見直しが必要であれば修正し、**次のサイクルでより精度を高めるための改善点を洗い出し**ます。例えば、「より細やかな差

を分析するために、もっと詳細な顧客データが必要」「あまり当てはまりの良い予測モデルができなかったので、異なる機械学習アルゴリズムを試してみよう」などといった改善策を検討します。

●結果の報告

データ分析プロジェクトの結果を報告書やプレゼンテーション資料、ダッシュボードにまとめます。データ分析によって得られた知恵を最大限に活かすためには、経営陣や現場の業務担当者など、相手の立場に立ってわかりやすく伝えることが重要であり、グラフなどの可視化だけでなく、それを相手に伝えるための言語化も必要です。

■ 評価～分析結果の有効性を検証し、プロジェクト全体の成果を評価する段階

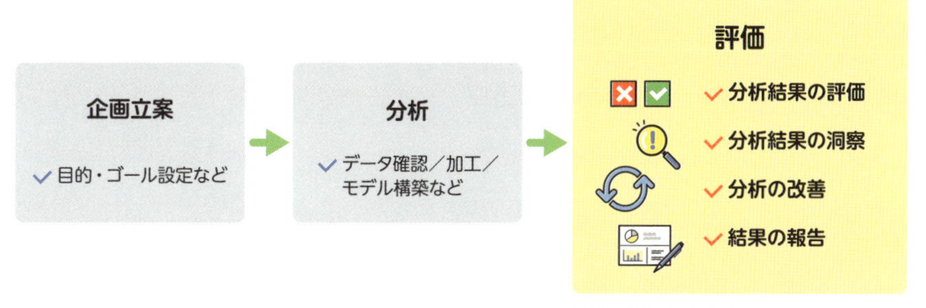

※第7章で解説します。

まとめ

- 企画立案で課題・方針を明確化
- 分析で仮説検証やモデル構築を実施
- 評価で結果の有効性を確認・改善

20 データ分析プロジェクトチーム体制と役割

データ分析プロジェクトを成功させるには、プロジェクトの目的や規模に応じて適切なチーム体制を編成することが不可欠です。チーム編成や役割分担、連携方法を示し、プロジェクトが成功するためのポイントを解説します。

データ分析プロジェクトで必要な役割

■ データ分析プロジェクトに携わるメンバーたち

データサイエンティスト

- データサイエンスに関する専門知識を駆使して、データ分析を担う存在
- さまざまな分析手法を用いてデータ解析やモデル構築・予測を実施

データエンジニアはチームが必要なデータをいつでも利用できるようサポート

データサイエンティストがデータアナリストの役割を兼任することもある

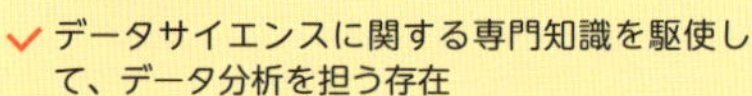

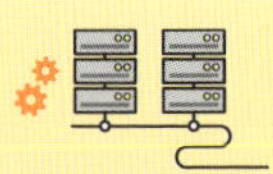

データエンジニア

- 各種データソースから必要なデータを収集し、ETL処理で分析可能な形に整備
- データウェアハウス／データベースの運用管理

プロジェクトマネージャー（PM）

- 全体管理・調整、スコープ/スケジュール管理、ステークホルダー報告を担う
- 他のすべての役割と連携し、意思決定やリスク管理を行うプロジェクトの管理者

データアナリスト

- データ可視化、統計分析、レポート作成などを担当し、ビジネス観点で何が言えるのかを、経営層や現場へ分かりやすく提示

業務担当者（現場担当）

- 現場の業務知識・フローや顧客ニーズなど、ビジネス要件を把握
- 分析結果を現場施策に反映し、プロジェクトに協力する

● **データ分析プロジェクト成功には、目的や規模に応じて適切なチーム体制を構築することが不可欠**

一般的なデータ分析プロジェクトでは、主に次のような役割を持ったメンバーが必要とされます。

●プロジェクトマネージャ(PM)

プロジェクトマネージャは、**プロジェクト全体の計画と実行、コストと品質の管理を担当**します。以下のような業務が主な役割になります。

- **プロジェクト計画**:プロジェクトの目的やゴール・目標の定義、課題と仮説の設定、スコープ定義、成果物定義、リソース計画、品質計画、スケジュール策定などプロジェクト全体の計画を行う。
- **品質・コスト・進捗管理**:開始から終了までのタイムラインを作り、必要なタスクや成果物を設定し、リソース(人員・予算・システム)の配分計画を作成する。計画通りにプロジェクトが進んでいるかを確認し、計画と乖離が発生した際は修正を図る。
- **問題発生時の対処やリスク管理**:問題が起きたときの意思決定、プロジェクト全体への影響を最小化する施策を検討する。
- **ステークホルダーへの報告・連絡**:経営陣や関連部門への進捗報告や、重要な意思決定事項の承認を得る。

データ分析プロジェクトに取り組むプロジェクトマネージャには、上記に加えてデータ分析の基礎知識、ビジネスに対する理解(ターゲット顧客の動向、業務フローなど)が求められます。

●データサイエンティスト

データサイエンティストは、データ分析の専門家として、**さまざまな分析手法を用いてデータ分析やモデルの構築を担当**します。複雑なビジネス課題に対してデータに基づく解決策を導き出すのがデータサイエンティストの役割であり、データサイエンスに関する専門知識を駆使して、データ分析を担当します。

近年では機械学習を用いたモデル構築を実施することもあり、AI・機械学習に関する知識・スキルも求められる傾向にあります。

●データアナリスト

データアナリストは、統計分析やレポート作成、仮説の検証などを担当し、**ビジネス課題に対する洞察（インサイト）を提供する役割**です。下記のような業務を行います。

- **データの可視化**：レポート、ダッシュボード、グラフなどを用いて、現状を直感的に理解できるよう整理する。
- **統計分析・仮説検証**：収集したデータをもとに「どの要素が売上に影響しているか」「何が工場の生産性に関係しているか」などを統計的手法で説明する。
- **レポート作成**: 分析結果のまとめや次のステップの提案書の作成を行い、経営層や他部署に伝える。

データサイエンティストのような高度な統計分析や数理モデリング、アルゴリズムの実装までは行わないことが多いですが、統計学や関連ツール操作、さらにビジネス知識が必要になります。小規模なプロジェクトでは、データサイエンティストがデータアナリストの役割を兼任することも少なくありません。

●データエンジニア

データエンジニアは、**データの収集・加工・保存に関する基盤やデータパイプライン(データの収集・加工・保存を行う一連の処理)を整備するのが主な業務**です。具体的には以下のような作業を担います。

- **データの収集基盤構築**：各種センサー・ログ・業務システムから効率的にデータを集める仕組みを設計・実装する。
- **データベース／データウェアハウスの構築・運用**：大規模データを扱いやすいように整備し、データサイエンティストやデータアナリストがスムーズに利用できる環境を提供する。
- **ETL（Extract、Transform、Load）タスク**: データの抽出・変換・格納タスクを担う。必要であれば自動化し、運用負荷を下げる。

データエンジニアは、ITインフラやプログラミングの知識に加えて、データをどう扱えば分析しやすくなるかという観点が必要となるため、一般的なITエンジニアとは異なる専門性も求められます。チームが必要なデータをいつでも利用できるようサポートします。

●業務担当者（現場担当）

現場で実際に業務を行っている担当者も、分析結果を利用する立場としてプロジェクトに関与します。例えば、工場内の現場スタッフが「実際に困っていること」を教えたり、販売担当者が「実際のお客様の反応」をフィードバックしたりするイメージです。

- **設定した課題と仮説の確認**：プロジェクトの企画段階で設定した課題や仮説が、実際の業務とかけ離れた内容になっていると意味のないプロジェクトになってしまうため、業務担当者目線で納得感のある課題や仮説設定になっていることを確認する。
- **分析結果をもとにした施策検証**：分析結果をもとに「仕入れは、在庫数が（翌月の予測出荷数＋安全在庫数）となるように行う」など、現実的な施策を検討し、実際の業務の中で検証を行う。
- **業務知識の共有**：実際の業務の中でどのデータがどのように発生するのか、現場で実際にどんな課題があるかをデータサイエンティストやデータエンジニアへ伝える。

設定した課題や仮説が実際の現場の業務と乖離していないかを確認し、分析結果をもとに実現可能な施策を考案し検証するには、**実務をよく知る業務担当者の協力が不可欠**です。

チーム編成時のポイント

データ分析プロジェクトでは、異なる専門スキルを持つメンバーが連携して分析を進めることになります。そのため、**各メンバーの役割分担や責任範囲を明確にし、それぞれの専門性を最大限に活かせる体制**を編成することが、効率的なプロジェクト進行につながります。プロジェクト内外のメンバーと意思疎通を円滑にするには、以下の点にも注意すると良いです。

- **専門用語・業務知識の共有**：プロジェクトの初期段階でデータ分析の専門用語や業務知識に関する共通認識を作り上げておく。特に業務知識については、現場の業務担当者とプロジェクトメンバーがコミュニケーションを取り、分析結果の実務レベルでの活用を常に意識してプロジェクトを進めることが重要。
- **チーム情報共有におけるルール設定**：いつ、どのように進捗報告や課題共有を行うか、コミュニケーションルールとして内容を定義しておき、情報伝達のもれを防ぐ。
- **ステークホルダーとの連携**：経営層や別部署にも、定期的に成果を報告し、方向性にズレがないか確認する。
- **よくある課題**：「他業務の兼務者だけで編成されたチーム」「業務知識のあるメンバーがいないチーム」「分析の専門知識のないチーム」といったチーム編成になり、プロジェクト進行がうまく進まないケースはしばしばあるので注意する。

■データ分析プロジェクトのチーム編成時のポイント

● **チーム編成時のポイント**

- ✓ 専門用語・業務知識の共有
- ✓ チーム情報共有におけるルール設定
- ✓ ステークホルダーとの連携

よくある課題に注意

- ✓ 他業務の兼務者だけで編成されたチーム
- ✓ 業務知識のあるメンバーがいないチーム
- ✓ 分析の専門知識のないチーム

まとめ

- **それぞれの専門性を最大限に活用**
- **情報共有とコミュニケーションが鍵**

21 プロジェクトのゴールと目標の設定

「ゴール」と「目標」の違いを明確にし、KGIやKPIを活用して数値的に評価する方法を解説します。

似ているようで異なる「ゴール」と「目標」

プロジェクトの目的が設定できたら、次にプロジェクトの「ゴール」と「目標」を設定します。「ゴール」と「目標」は、似ているようで異なる概念です。

■ 似ているようで異なる「ゴール」と「目標」

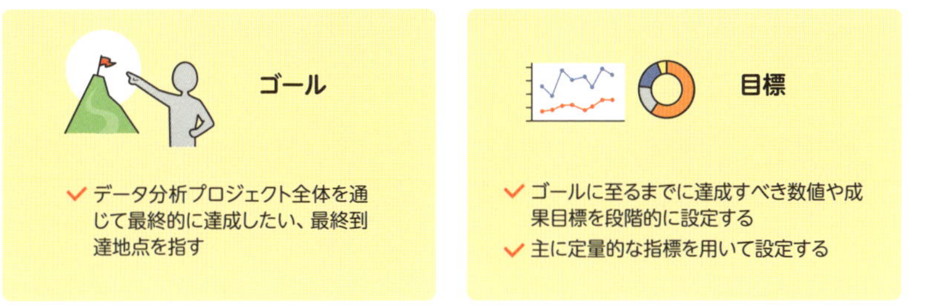

複数の**目標**を段階的に達成していくことで、最終的に**ゴール**（プロジェクトの最終到達地点）に到達することを目指します。なお、設定する際はどちらも曖昧な基準ではなく、測定可能な数値（KGIやKPIなど。後述）で表すことが重要です。特に、経営層の理解を得やすい形で示すことが求められます。

ゴール設定のポイント～KGI

ゴールの設定では、長期的な視点で「企業が到達したい状態」を考えます。このときによく使われる評価指標が**KGI（Key Goal Indicator）**で、日本語では**重要目標達成指標**と呼ばれます。

●KGIの例

KGIは組織やプロジェクトに対する最終的な目標の達成度を測る指標で、ビジネス戦略の成功を評価するために使用されます。

- 年間売上高30億円を達成する
- 市場シェアを10%まで拡大する
- 利益率を15%以上に引き上げる

「目標」設定のポイント～KPI

データ分析が実際のビジネスにどのように寄与したのかを確認するためには、数値で定量的に判定できる評価指標が必要になります。よく使われるのは**KPI（Key Performance Indicator）**で、日本語では**重要業績評価指標**と呼ばれます。

●KPIの例

KPIは組織やプロジェクトの目標達成度を測定するための指標で、業務の進捗や成果を数値化し、目標に向けた活動がどれだけ効果的に行われているかを示します。例えば、小売業であれば次のようなKPIが考えられます。

- 平均客単価を10%向上させる
- 月間の新規顧客獲得数を20%増やす
- 顧客の離脱率を今後6ヶ月で15%削減する

●KPI設定に役立つ「SMART」フレームワーク

KPIを設定する際によく利用されるのが「**SMART**」と呼ばれるフレームワークです。SMARTは、「Specific（具体的）」、「Measurable（測定可能）」、「Achievable（達成可能）」、「Relevant（関連性）」、「Time-bound（期限）」の頭文字を取った用語で、目標設定を行う上でのチェックリストとして機能します。

■ SMART

Specific（具体的）	何を達成したいのかを、固有名詞や数値で具体的に示す。 例：「売上を上げる」ではなく、「商品Aの売上を、10%増やす」など
Measurable （測定可能）	目標の達成度を数値で測れるようにする。 例：「顧客満足度を向上させる」ではなく「顧客満足度を5点満点中4.5点にする」など
Achievable （達成可能）	現状のリソース（人員、予算、期間など）を考慮して、現実的な目標を設定する。 例：いきなり「売上を3倍にする」など非現実的な目標設定は避ける
Relevant （関連性がある）	設定した目標がビジネス課題の解決や組織戦略と結びついているかを確認する。 例：売上改善が必要なのに、仕入れ値の削減改善を目標にしていてはビジネス課題と乖離してしまう可能性がある
Time-bound （期限がある）	目標達成のための具体的な締め切りを設ける。 例：「今後6ヶ月以内」「次の決算期（半年後）まで」など。

これら5つの基準を満たすように気をつけることで、精度の高いKPIの設定が可能になります。

密接に関連するKGIとKPI

KGIはKPIと密接に関連しています。KGIを達成するために必要となる短期的な目標がKPIであるため、**両者は矛盾しないように整合性を保つ**必要があります。また、KGIを設定する際には、企業の戦略や長期的なビジョンとの整合性も考慮する必要があります。

例えば、将来的に海外市場へ事業拡大を計画しているのであれば、「海外売上比率を30%まで高める」などというKGIを設定し、そのためのKPIとして「国内外それぞれの月間新規顧客数」「海外向け広告のクリック数」などを設定するイメージです。

■ プロジェクトのゴールと目標の設定～KPIツリー

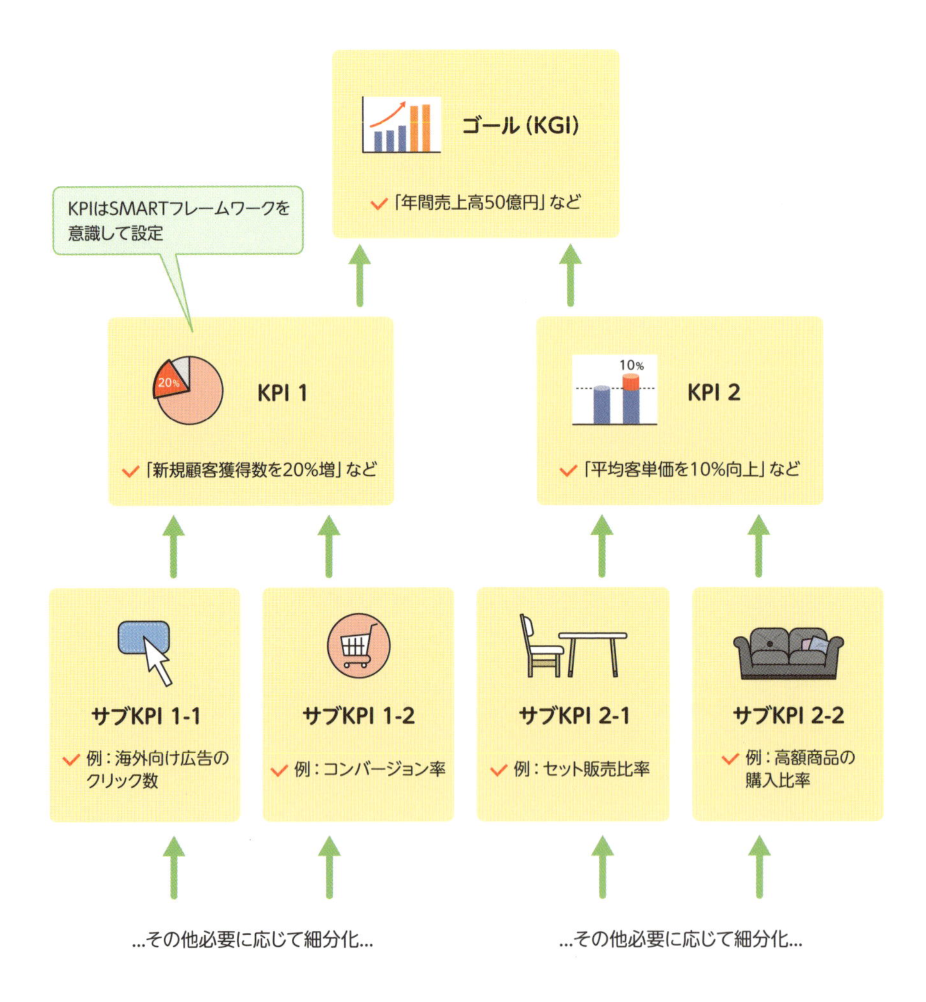

このように、データ分析プロジェクトを進めるにあたっては、「ゴール」と「目標」を区別しながら明確かつ測定可能な指標（KGI/KPI）を設定することが重要です。しっかりと設定すれば、分析結果をビジネス判断へ落とし込みやすくなり、さらに経営層やチームメンバーとの共通理解が得やすくなります。

●費用対効果を考慮したKGIとKPIの設定

KGIとKPIを設定するにあたり、**費用対効果を考慮することは重要**です。費用対効果がないデータ分析プロジェクトは実施すべきではありません。例えば「海外売上比率を30%まで高めた結果、5億円の増収となった」としても、データ分析プロジェクトやその後のシステム開発や維持にそれ以上の費用が掛かってしまうと「費用対効果がない」という結果にもなり得ます。そのため、費用対効果が出るようなKGIやKPIを設定する必要があります。費用対効果については本章「24 費用の見積もりと費用対効果の評価」で後述します。

まとめ

- ゴールは長期視点で示すKGI
- 目標は短期の数値指標（KPI）。SMARTも活用して設定
- 目的との整合性がある指標を設定する

22 解決したいビジネス課題と仮説の設定

解決したいビジネス課題を明確にし、データを分析することで検証可能な仮説へ落とし込むポイントを解説します。

課題と仮説の設定がプロジェクト成功の鍵

「19 データ分析プロジェクトの全体像」で前述しましたが、データ分析プロジェクトを企画する上で重要なのは、「手元にあるデータから何ができるのか」を考えるのではなく、先に**ビジネスにおける解決したい課題を明確にする**ことです。そのうえで、何がどうであればこの課題は解決できる、という**仮説**を立て、その仮説に対してデータを分析することで立証していきます。プロジェクトが開始したら、まず課題と仮説を設定することで、後の分析作業がスムーズに進み、より課題解決に対して的確な結果を得ることができます。

ビジネスの目標達成を阻害している課題の明確化

まずは、ビジネスの目標達成を阻害している課題を徹底的に洗い出します。業種によってさまざまですが、例えば以下のような課題があるでしょう。

- **小売業の例**：「実店舗の売上改善」「多様な消費者ニーズへの対応」など。
- **製造業の例**：「歩留まり率の改善」「属人化の解消」など。
- **サービス業の例**：「人件費高騰にともなう利益減の改善」「人手不足の解消」など。

これらの課題が的を射たものになっていないと「得られた結果が無意味であった」という事態になりかねません。そのため、**課題は抜け・もれなく、具体的に洗い出す必要があります**。例えば、小売業の「実店舗の売上改善」について、より具体的に課題の洗い出しを考える場合を想定してみます。店舗の売上は「売上＝訪問客数×購入率×客単価」とすることはよくありますが、訪問客はさらに、「新規客」と「既存客×リピート率」と細分化します。こうすることで、

- **顧客の構成要素は何か？**
- **購入率の構成要素は何か？**
- **客単価の構成要素は何か？**

と、売上を構成する要素を明確にできます。ここまで明確にできれば、「それぞれの要素について課題はないか？」と課題の抜け・もれを防ぎながら洗い出せるようになります。

課題の洗い出しの際には、アイデアの発散をブレーンストーミングで実施したり、課題をロジックツリーでまとめたり、課題解決に有効な手法やフレームワークを利用するのも良いでしょう。洗い出した課題は、多くの場合、複数存

■ ビジネスの目標達成を阻害している課題を明確化する例

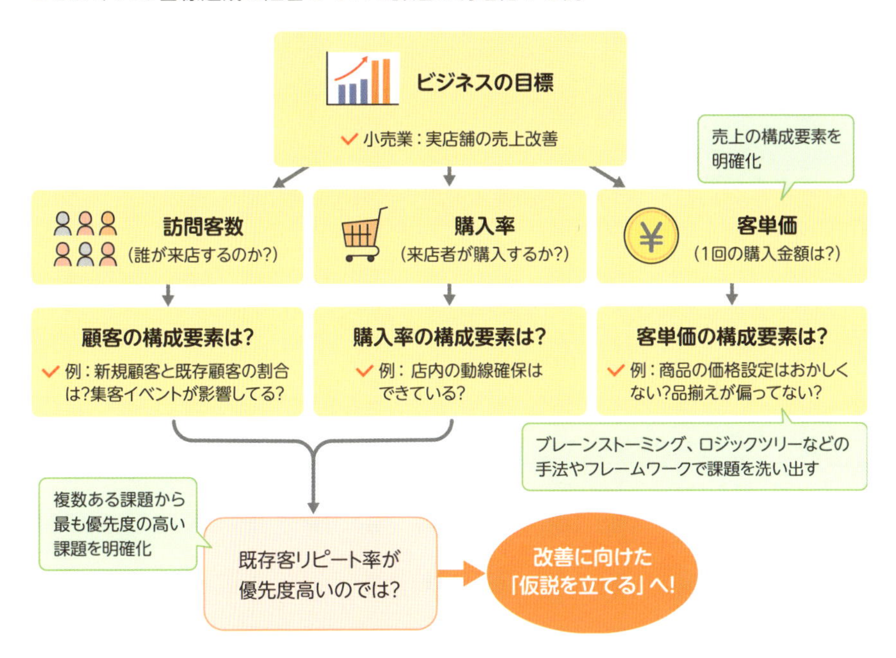

在しているため、課題を解決した際に得られるであろう利益、労力、実現性などを考慮して優先順位を付けましょう。最も優先度の高い課題を明確化できれば、改善に向けて「仮説を立てる」アクションへつなげられます。

データ分析を用いた解決が適しているか確認

第2章「09 データ分析に取り組む前の注意点」で説明したように、データ分析は万能ではありません。明確化できた課題がこの段階で、前述したデータ分析において注意するケースに該当してしまう場合は、**データ分析以外の手段で解決を図ることに切り替えましょう**。

また、分析結果の精度を高めるためには高品質なデータが必要不可欠です。現実的に分析に利用できそうなデータが一定量収集できそうか、この段階でよく確認する必要があります。

仮説の設定

さて、課題が明確になったら、その課題を解決するための仮説を立てます。仮説を明確にすると考えるべき点も明確になるというメリットがあります。具体的には以下です。

- **分析するデータが明確になる（例：価格変更履歴や顧客属性など）**
- **データを加工する方針が定まる（例：日別変動を分析するため日別に集計、など）**
- **使用する分析手法が定まる（例：回帰、分類、仮説検定など）**

仮説は、可能な限り「（データで）検証できる形」に具体的に落とし込むことが大切です。抽象的な仮説だと「どのデータを見れば良いか」「どの分析を行えば良いか」がわからず、検証できなくなるため、その仮説自体を見直す必要があります。

例えば、「店舗顧客の離脱率が高い」という課題に対しては「その原因は価格に対する不満である」という仮説を立てることができますが、この表現では具体性が乏しいです。「20代の女性顧客について、3000円以上の高価格帯化粧品は、店舗で品定めをした後、より安価に購入できるネットサイトを探して購入するケースが増加しており、この行動態様が店舗における離脱率に反映されているのではないか」とより具体的な仮説を立てましょう。こうすることでこの仮説を検証するには、商品データ、販売履歴データ、顧客データなどに加え、インターネットサイトの販売に関するデータや、顧客の行動に関するアンケートデータなども組み合わせて分析する必要があることがわかってきます。

また、1つの課題に対しては、複数の仮説を立てることが通常です。例えば「店舗顧客の離脱率が高い」については「価格面の不満」だけでなく、「品ぞろえに対する不満」もあるかもしれません。多角的な面から仮説を立てることで、課題を解決できる確率が高まります。

■ 仮説を設定する流れの例

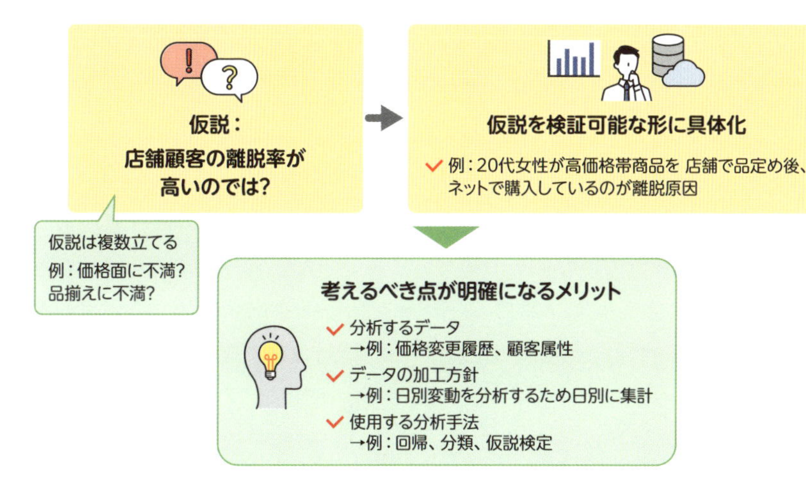

まとめ

- 課題を抜けもれなく洗い出し、優先度をつけて解決する課題を設定する
- 具体性のある仮説を設定する
- 多角的に仮説を設定することが、課題解決に向けた鍵になる

23 プロジェクトのスコープ設定

データ分析プロジェクトで対象とする範囲（スコープ）を明確にすること、およびスコープ変更時の対応やステークホルダーとの調整を解説します。

曖昧にすべきでないスコープ設定

データ分析プロジェクトを成功に導くためには適切なスコープ設定も必要です。ここでの「**スコープ（scope）**」とは、プロジェクトが対象とする範囲のことです。事前に洗い出した課題と仮説のうち、どれを扱うかをはっきりと決めます。例えば、「新規顧客に関する仮説検証のみを対象とし、既存顧客に関する仮説検証はやらない」といった設定です。プロジェクトの集中すべき領域を絞り込み、限られたリソース（人・物・時間・予算）の中で、きちんと成果を出せるようにします。

スコープが曖昧だと、プロジェクトで取り組む内容が膨大になり、どの仮説検証も中途半端な状況のもと、いつまでも成果が出ない状況に陥る危険性があります。よくあるケースは、「プロジェクト開始後にさまざまな人の意見を聞き入れて、あれもこれもと検証する仮説や、分析対象とするデータが増えていき、期間もコストも膨れていく。結局、どの仮説検証も完了せず、いつまでも成果が上がらない」というものです。これは「**スコープクリープ（scope creep）**」と呼ばれ、プロジェクト管理の失敗要因の1つとされています。

●スコープクリープの例

例えば、顧客離脱率の低減を目指すデータ分析プロジェクトであれば、スコープを「女性顧客の商品Aに関する購買データ分析」などのように対象を絞ることで、収集するべきデータや具体的な分析方法を明確に絞り込んでリソースを集中させることができます。しかし、ここで「男性も分析対象に加える」や「商品Bも分析対象に加える」など他の課題にまでスコープを広げると、プロジェクトの作業量が増大し進捗が遅れたり、コストが増加したりするリスクが生じます。

■スコープクリープのイメージと、明確なスコープ設定の重要性

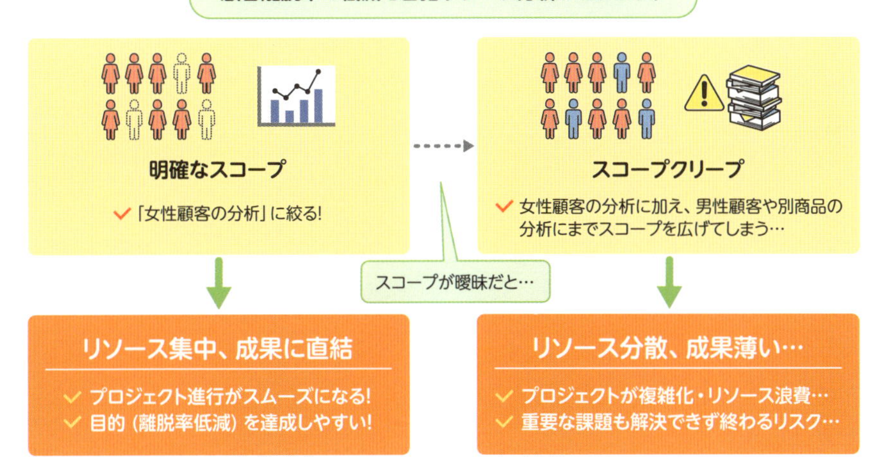

スコープ設定のアプローチ

■スコープ設定へのアプローチ

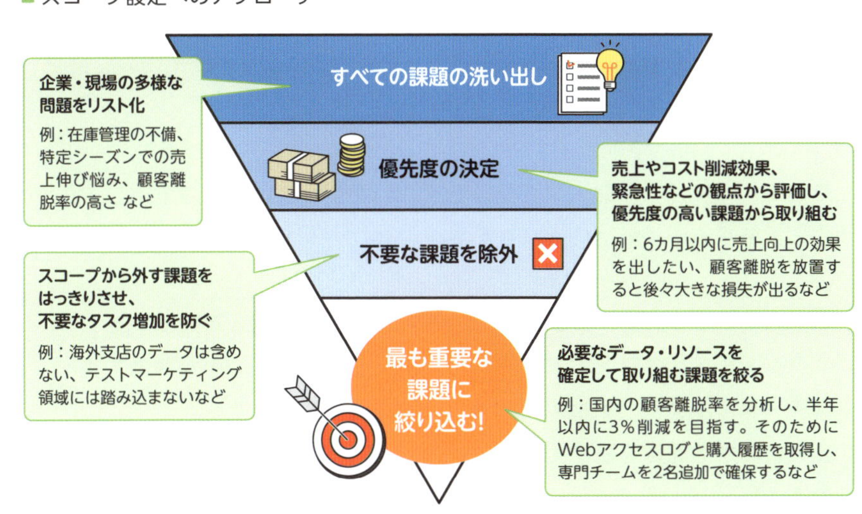

スコープの設定で重要なのは、**現実的かつ達成可能な範囲に絞り込む**ことです。企業が抱える課題は多岐にわたりますが、一度のプロジェクトでそれらすべてを扱うことは不可能です。そのため、データ分析によって解決できる見込みが高く、現実的に対策が実施可能な範囲を見定める必要があります。

その上で、取り組む課題や仮説の優先度を決め、最もビジネスへの影響が大きいものや、緊急性が高いもの、または短期間で成果が期待できるものなどに焦点を定めることが重要です。スコープ設定への具体的なアプローチは上図の通りです。

スコープの変更管理、ステークホルダーとの合意

●スコープの変更は慎重に

プロジェクトが進むにつれ、ビジネス環境の変化などにより課題や仮説に変化が発生し、スコープの変更が必要になることもあります。そのプロジェクトの目的を達成するために、必要があればスコープの変更を行うことも大切ですが、以下のようなリスクが伴います。

- **プロジェクトの遅延**：新しい要件に対応するため作業量が増え、スケジュール遅延が発生する可能性がある
- **予算超過**：計画を超える（人や物にかかる）コストが発生する可能性がある
- **品質の低下**：追加の分析を短期間に実施するなどにより、成果物の品質が下がる可能性がある

そのため、安易なスコープ変更はせず、必要なときは以下の手順を踏んで、慎重に実施することが望ましいです。

- **本当に変更する必要があるのか、必要性（合理的な理由）を確認する**
- **プロジェクトへの影響（コスト・スケジュール・リソース）を評価する**
- **ステークホルダー（関係者）と変更を合意する**
- **変更に関する記録を残す（いつ、何のための、どのような変更を、誰と合意したか）**

●ステークホルダーとの合意

ステークホルダーとは、プロジェクトに直接的・間接的に関わるすべての利害関係者（経営層、部門責任者、現場担当者、プロジェクトメンバーなど）を指します。ステークホルダーはそれぞれ異なる視点や期待を持っているため、さまざまな認識に違いが生じることがあります。**認識のズレを放置しておくと、プロジェクト失敗につながりかねない**ため、スコープ変更に関しても、ステークホルダー全員と合意をとる必要があります。ステークホルダーと密に情報を共有することは、潜在的なリスクや課題の早期発見にもつながるため、コミュニケーションが疎かにならないようにしましょう。

■スコープ変更とステークホルダー調整の流れ

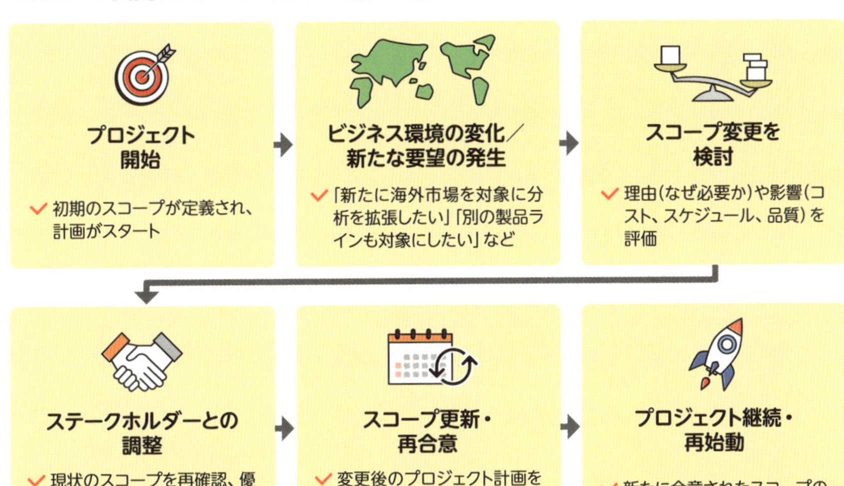

まとめ

- プロジェクトで対応するスコープを具体的に設定する
- 変更時は合理性の確認と影響評価、ステークホルダーとの合意形成、記録を行う
- ステークホルダーとの認識のズレは早期に解消する

24 費用の見積もりと費用対効果の評価

プロジェクトにかかる費用とビジネス効果を定量化し、後述するROIやNPVなどの指標を使って費用対効果を算出することで、プロジェクトがどれだけの価値を生み出すかを評価できます。

プロジェクトにかかる費用、ビジネス効果の事前確認

データ分析プロジェクトの価値を評価するには、プロジェクトに投入するリソース（人員・予算・システムなど）に対して、どれだけのビジネス効果が得られるかを計り、費用対効果を算出して評価をします。費用対効果が低いと、プロジェクトを実施してたとえどれだけ良い分析結果を得られたとしても、プロジェクト中止の判断が下されてしまったり、プロジェクトとして失敗と見なされてしまったりする可能性があります。

そのため、事前に費用対効果を試算し、その結果を用いてプロジェクトを実施すべきかを判断しましょう。

●プロジェクトにかかる費用

費用対効果を算出するために、まずプロジェクトにかかる費用を見積もります。主要な費用としては、「データ分析そのものにかかる費用」「分析する仕組みの購入や整備にかかる費用」「データの収集や購入にかかる費用」の3つです。

■ データ分析プロジェクトの主要費用

費目	概要
データ分析そのものにかかる費用	・分析を担当するプロジェクトマネージャ、データサイエンティスト、データアナリストなどの人件費
分析する仕組みの購入や整備にかかる費用	・開発を担当するプロジェクトマネージャ、データエンジニア、システムエンジニアなどの人件費 ・分析ツール、データベース、ソフトウェア、クラウドサービスなどの購入費

データの収集や購入にかかる費用	・データ収集を担当するデータエンジニア、システムエンジニア、業務担当者などの人件費 ・外部からデータを購入する場合は購入費

初期の分析にかかる費用に加えて、**予測モデルなどを業務で活用する場合**などは、モデルを組み込むシステム開発や、精度維持のための運用費用なども挙げられます。データ分析プロジェクトを開始する前に先々にかかる費用すべてを精緻に見積もることは難しいです。しかし、いざ分析結果を業務で活用しようとしたときに、システム開発費が膨大で業務への導入を断念せざるを得ない、ということにならないように**おおまかに金額感を押さえておくことは重要**です。

●ビジネス効果

次に、プロジェクトがもたらす**ビジネス効果を定量的に見積もり**ます。これは、前述の「KGIやKPIを達成した場合にもたらされる効果」になります。「売上の増加量」、「コスト削減量」など、定量化可能で誰にとってもわかりやすいものが良いでしょう。

ただし、目的や目標によってはビジネス効果を定量化することが難しいケースがあります。例えば、「顧客満足度X%向上」のようなものです。こういった場合は、「顧客満足度がいくつ向上すると、販売個数増加にいくつ寄与する」のような仮定をしたり、「最低で+X%、最大で+Y%の効果がある」のように範囲を設定したりするなどして定量化し、見積もるケースが多いです。仮定は楽観的にはせず、市場調査や現時点であるデータをもとに、根拠を持って導いたものを用いることで、納得感が増します。ビジネス効果の見積もり結果は、立場によって納得感に差が出やすいため、ステークホルダーへよく説明し、合意を取るようにしましょう。

■ プロジェクトがもたらすビジネス効果の例

ビジネス効果例	KGIやKPIの設定内容
売上の増加	売上について、プロジェクト実施前後の差や増加割合、または目標値に対しての達成度合いで効果を表現する。

コストの削減	コストについて、プロジェクト実施前後の差や減少割合、または目標値に対しての達成度合いで効果を表現する。
顧客満足度の向上	顧客満足度について、アンケートやインタビューによる直接測定の他、間接的にリピート率などを用いて表現する。
リスクの低減	問題の発生率と発生した際の損害の評価額の積を用いて、プロジェクト実施前後の差や減少割合を用いて表現する。

費用対効果の評価

主な費用やビジネス効果の事前確認ができれば、費用対効果を評価するための準備が整います。この段階では、**ROI（投資利益率）**や**NPV（正味現在価値）**といった評価指標が使用されます。プロジェクトの合理性を判断し、実行を決定するための指標として役立ちます。

もしこの段階で、プロジェクトを実施することに対し、費用対効果の面で合理性が低いと判断できる場合は、取り組む課題や仮説を見直しより効果の高いものはないか、あるいは費用をおさえられないか検討する必要があります。

■ 費用対効果の評価指標

評価指標	評価の内容
ROI（投資利益率）	投資に対する利益の割合を示し、以下の式で計算される。 ROI = (利益 / コスト) × 100 (%) ROIが高いほど、投資に対する利益が大きいことを示す。
NPV（正味現在価値）	将来得られるキャッシュフロー（収益）を現在の価値に割り引いた合計額。NPVが正の値であれば、プロジェクトが経済的価値を生むと判断できる。

■ 費用対効果の評価プロセス

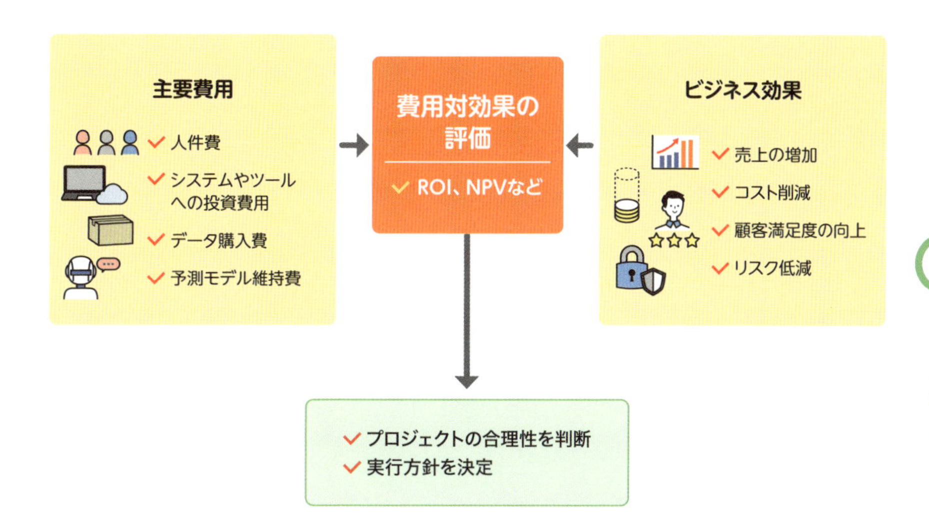

まとめ

- コスト（データ分析プロジェクトの費用やその後の開発・運用費用）を定量化して見積る
- 売上増やコスト削減効果を定量的に算出してビジネス効果を見積る
- ROIやNPVなどの評価指標でプロジェクトの合理性や価値を客観的に評価する

25 分析方針の検討

プロジェクトの価値が確認できれば、いよいよデータ分析の方針を検討していきます。ここでは、プロジェクトの開始時点で方針を検討しておくべき5つの要素を解説します。

プロジェクト開始時に検討しておくべき要素

いよいよデータ分析プロジェクトが始まり、実際にデータを収集する直前のフェーズとなりますが、まずは以下の5つの要素について検討をしておきましょう。

■ プロジェクト開始時に検討しておくべき要素

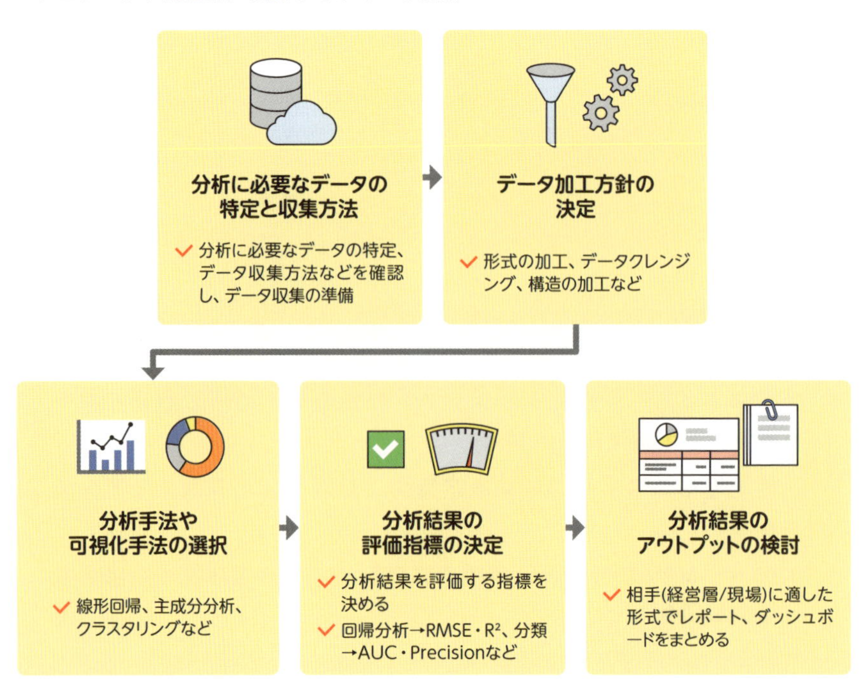

- **分析に必要なデータの特定と収集方法など**
- **データ加工の方針**
- **使用する分析手法や可視化手法**
- **分析結果の評価指標**
- **分析結果のアウトプットイメージ**

この段階で決めておくべき項目と、それら項目を決定することでデータ分析プロジェクトのどんな場面で役立つのか解説します。

分析に必要なデータの特定と収集方法などの確認

データ分析を開始する前に、まずは分析に必要なデータの特定、およびそのデータの収集方法などを確認し、データを収集する準備をします。ここで確認しておくこととしては、以下があります。

- **分析に必要なデータ**
- **分析に必要な項目と抽出条件**
- **データの在り処**
- **データの収集方法**
- **収集可能な件数**
- **データの保管方法**

などです。詳細は本章「26 データを収集する準備」にまとめていますので、そちらを参照ください。

データを加工する方針の決定

収集した生データは、収集元によって形式が異なっていたり、データが抜けていたりと、**そのままの状態では分析に利用できないことが多い**ため、データ加工を行って分析に利用できる形に加工する必要があります。実際にデータを確認しないと決まらない部分もありますが、可能な限り円滑にプロジェクトを推進するために、事前にデータを加工する方針を決めておきましょう。事前に決めておくべきこととしては、次があります。

- **データの形式の加工**：どの種類のデータをどのような形式に加工して統一するか
- **データクレンジング**：外れ値や欠損値に対してどのような処置を行うか
- **データの構造の加工**：どのデータとどのデータを統合し、何を集計するのか

データ加工のより詳細な解説や例については、第6章「28 データの加工を行う①」～「30 データの加工を行う③」で詳しく解説します。

使用する分析手法や可視化手法の選択

いざデータを前にして分析をはじめると、さまざまな分析を試しているうちに、事前に設定した仮説の検証と関係のない分析をしてしまうことがあります。このような**非効率な分析を避けるため**にも、分析手法や可視化手法も事前に決めておきましょう。検証したい仮説に応じて、例えば以下の手法を用います。

- **データの関係性を明らかにしたい**：線形回帰、機械学習、主成分分析など
- **データをいくつかのグループに分けたい**：分類、クラスタリングなど
- **データ間の差を比較したい**：統計的仮説検定など
- **データ間の因果関係を明らかにしたい**：統計的因果推論など

代表的な分析手法については第3章「データ分析の代表的な手法」、代表的な可視化手法については第6章「27 データの確認」をそれぞれ参照してください。分析事例については第6章でも紹介しています。

分析結果の評価指標の決定

分析した結果、仮説は検証できたのかを評価するための指標を設定します。データ分析プロジェクトにおける分析結果の評価指標は、分析の結果がどれだ

け有益であるかという**プロジェクトの成果を判定するための重要な要素**です。適切な評価指標を設定しないと、誤った結論を導いてしまい、ビジネスに悪影響を及ぼしかねません。分析結果は、例えば以下のような指標で評価をします。

- **回帰分析**：平均二乗誤差（MSE）や決定係数（R^2）など
- **分類モデル**：AUCや適合率（Precision）など
- **統計的仮説検定**：有意水準など

このような評価指標は目標値として設定しやすく、前述のKPIとして採用することもあります。分析結果の具体的な評価方法や例については、第7章「データ分析の結果の評価」で詳しく解説します。

分析結果のアウトプットイメージの検討

分析結果について、**どのような内容をどのような形でアウトプットするのかを事前に検討**しておきましょう。伝えるべき内容は設定した課題や仮説によって異なりますが、例えば、「何と何を比較した結果を伝えるのか」や「モデルに何を入力し、結果をどのような指標で伝えるのか」といったことです。また、分析結果を伝える相手や、分析結果の活用方法などによって、適切な形式を使い分けましょう。レポートやダッシュボードなどアウトプットの形式はさまざまですが、例えば以下のような使い分けが求められます。

- **経営層**：グラフやダッシュボードを活用して分析結果が一目でわかる形で表現する方法が適している。
- **業務担当者**：業務の改善につなげられるよう、分析の目的、使用したデータ、結果や評価の詳細なども含めて詳細にレポートにまとめる方法が適している。

アウトプットイメージを事前に検討し、ステークホルダーに共有しておかないと、最終的に「思っていたものと違う」と言われてしまうこともあります。そのため、分析の完了を待たずに、中間報告という形で定期的にコミュニケーションをとって共有するなど、進め方を工夫しましょう。

より詳細なアウトプットを作成する方法は第7章「42 分析結果の報告①報告に記載すべき事項」「43 分析結果の報告②報告書作成のポイントと注意点」で解説します。

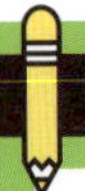

まとめ

- 分析に必要なデータの特定と収集手段を明確化し、データの所在や保管方法も事前に具体化して調整する
- データ加工の方針を立て、形式・クレンジング・構造変換などを事前に具体化して明確化する
- 使用する分析手法や可視化方法を選定し、目的・仮説に沿った効率的な検証フローと実施手順を確立する
- 分析結果の評価指標を定め、回帰分析や分類モデルなどを用いてモニタリングする
- 分析結果のアウトプットの形式や対象者を想定し、報告手順を考えておく

26 データを収集する準備

データ分析プロジェクトにおいて、データを収集する準備を怠ると、後になってプロジェクトの進行に影響が出たり、法令遵守の観点で問題が発生することがあります。先を急がず、入念な準備を行うよう心掛けましょう。

分析に必要なデータと入手手段の確認

データ分析プロジェクト企画段階における最後の工程ですが、適切なデータを入手する準備や確認を行います。円滑なデータ収集ができるように、以下のような点を踏まえて準備をすることが求められます。

●必要なデータや、収集可能なデータ量を確認する

どのようなデータが分析に必要かは、事前に設定している仮説から、**「仮説の検証に必要なものは何か」を考えて洗い出し**を行います。次に、洗い出した各データについて、実際に**収集可能な量を確認**します。収集可能なデータ量があまりに少ないと、分析をしても有益な結果が得られません。最低でも数千件程度はほしいところで、多いに越したことはありません。分析に必要な量が集められそうもなければ、場合によっては検証する仮説を変更することを検討する必要があります。

●データの入手元と入手手段を確認する

続いてデータの入手元と入手手段について確認します。第1章「01 データとは何か」で、データには一次データと二次データがあることを解説しましたが、一次データはその分析のために自ら収集したデータのため、**入手元と入手手段を検討する必要があるのは二次データ**です。

二次データが蓄積されている場所は、自社内のシステムや、調査会社、政府・自治体などさまざまです。それぞれどこにあるのかを、社内システムであればデータベース名-テーブル名を、外部からAPIで取得するのであればURLを、

と具体的に特定します。特に外部にあるデータについては、権利関係や利用規約なども確認しましょう。

入手手段について、データ数が数百万件にもなると、環境によってはデータを収集するだけで相当な時間がかかります。加えて、データ転送に関してシステム的な制約が存在していることもあるので、必要であれば分割して移送も検討します。また、ネットワークを経由してデータを移送できないケースもあり得るため、必要なデータを記録媒体に書き出し物理的な移送も検討しましょう。

■ データ量、入手元、入手手段の決定：データ収集準備を整える

■ 必要なデータ、データ量、入手元、収集方法のイメージ

目的	必要なデータ	データの在り処	件数	収集方法	抽出条件
店舗の離脱率削減	購買履歴データ	購買管理システム - 購買履歴TBL	1000	データベースからエクスポート	期間や金額など
	顧客情報データ	顧客管理システム - 顧客マスタTBL	100	システム管理者へ依頼しファイルで受領	性別や年齢など
	地理データ	国土地理院 (URL・・・)	1	Web APIで取得	地域など

セキュリティ対策と法令遵守

●収集したデータの保管場所を確保しセキュリティ対策を行う

収集したデータの保管場所やセキュリティ対策も重要な要素です。保管方法はプロジェクトの規模やデータ量に応じて異なります。少量のデータであれば社内に設置されたサーバーでも対応できますが、ビッグデータを用いた大規模な分析では、クラウドストレージやデータウェアハウスの利用が必要になるでしょう。

どのような保管方法であれ、セキュリティ対策は必要です。収集したデータには機密情報や個人情報が含まれることもあるので、暗号化やアクセス制御を正しく設定してデータ漏洩を防ぐことが重要です。万が一のセキュリティインシデント発生に備え、アクセスログなどの保管など、トレーサビリティの確保もしておきましょう。また、バックアップや変更履歴の管理を行い、障害時でも復元できるようにする必要もあります。システム部門と連携して、適切なデータ保管の仕組みを構築しましょう。

●プライバシー保護などの法令を遵守する

分析に使用するデータには、プライバシーに関わる情報が含まれることも少なくありません。その場合、**個人情報保護法**や**GDPR（General Data Protection Regulation）**などのプライバシー保護に関する法規制を遵守することも必要です。GDPRはEU（欧州連合）が定める個人データ保護に関する規則で、EU域外へのデータの持ち出しも含めて、極めて強い制約が定められています。

これらの法規制を踏まえて、プライバシー保護については特に以下のポイントに注意しましょう。

- **個人情報の取り扱い**：ユーザーの同意なしに個人情報を収集・利用することはできず、データ収集前に同意を得るプロセスが必要。
- **データの匿名化**：個人情報を使用する場合は、データを匿名化して個人を特定できないようにする。
- **データの保持期間**：必要以上に長期間データを保持しないように保持期間を定め、期間を過ぎたデータは適切に破棄する。

- **データの保管場所**：データを保管する地理的な場所を明確にし、その所在地の法規制を遵守する。

GDPRなどの規制に違反すると、法的リスクや企業の信用に大きな影響を与えるため、データの収集や利用の際には十分な配慮が必要です。最後に、データを収集する際はデータの一部項目を読みとれないように加工するマスキングを行うなどし、そもそも分析に利用しない項目を持ち込まないよう、心掛けましょう。

■ データを安全に保存し、プライバシーに配慮する仕組み

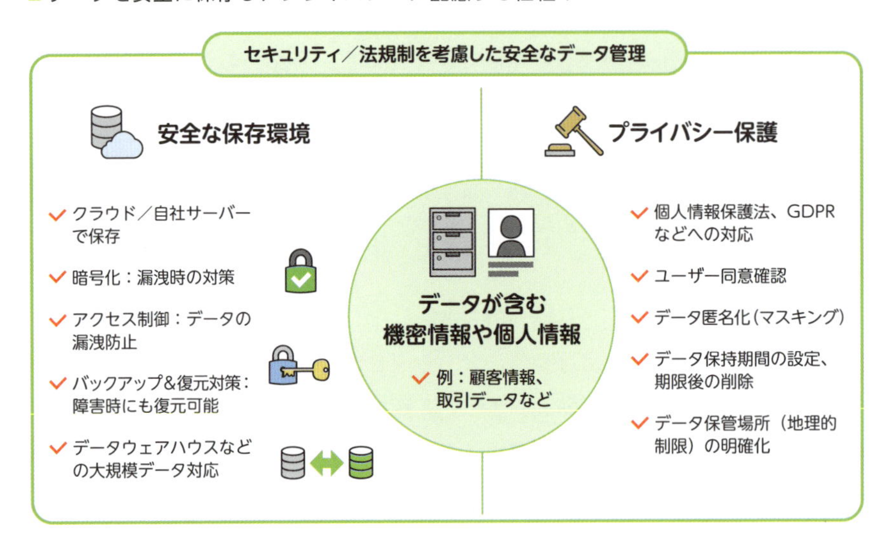

- **必要データと入手先を具体化**
- **セキュリティとバックアップを確保**
- **法規制（GDPRなど）に厳重対応**

6章

データ分析の実施

本章から、データ分析に向けた「データの確認」「データの加工」を解説し、現状把握、将来予測、未知の関係性探索、数理最適化という分析の実施を解説します。まず生データの確認から始まりデータの全体像を捉え、次にデータ形式を揃えてデータの品質を高めます。最後にデータを統合・集計・スケーリングして分析し、現状把握・将来予測・未知の関係性探索・数理最適化などを活用してビジネス価値を創出していきます。

27 データの確認

ここではデータ分析の一歩目となる「データの確認」について解説します。本格的な分析を行う前に、分析対象としているデータが、分析の目的と照らして妥当なデータであるかを確認することは、有益な分析結果を得るために重要なステップです。

生データの確認

データを確認する際は、**まず生データの確認から始めましょう**。後述するデータの全体像を把握するためには平均や分散などを用いておおよその特徴や傾向をつかむことも重要ですが、あくまでこれらの数値は「個々のデータの集合を要約したもの」にすぎません。

例えば「(5,5)、(0,10)」という2つのデータの集合は、いずれも平均をとれば同じ「5」になりますが、それぞれの傾向は異なります。異なる傾向を持つデータの集合でも、**平均や分散などで要約すると同じに見えてしまうこともある**ため、(今回の例では分散は異なりますが) まずは実際の生データを確認して、そのデータの特徴や分布をある程度把握することが大切です。

もちろん対象となるデータが数百万件にもなる場合は、すべてを確認するのは現実的ではありません。しかし、一部をざっと確認するだけでも、そのデータに対する理解を深めることにつながります。

■ まずは生データを確認してデータの特徴を把握するのは重要

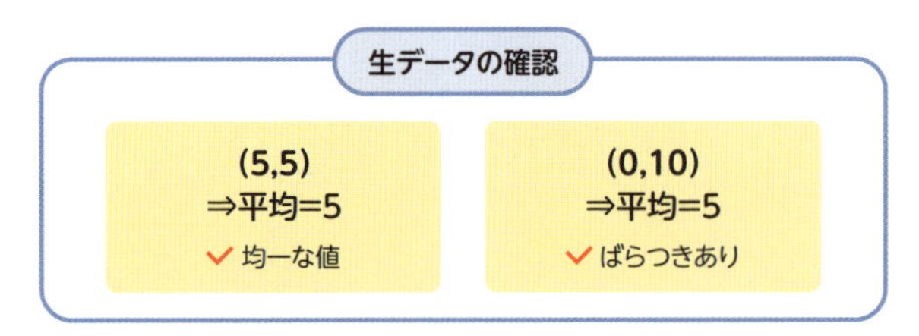

- 異なる傾向を持つデータの集合でも、平均や分散などで要約すると同じに見えてしまう
- すべてのデータは確認できずとも一部だけでもざっと確認すると、そのデータに対する理解を深められる

データの全体像の確認

次に、**データがどのような分布をしているかを確認**しましょう。これを「データの全体像を確認する」と言い換えることもできます。

まず、単一のデータに対する分布に着目しましょう。どのような分布の形状をしており、意図しない偏りやばらつきはないか、といった全体像を確認します。加えて、極端な値を持ったデータ(**外れ値**)や値が欠損した不完全なデータ(**欠損値**)に関する傾向も確認します。

次に、複数のデータ間の分布関係に着目しましょう。どのデータとどのデータの間にどのような関係性がありそうかを探り、その後のデータ分析の方針を立てるのに役立ちます。

■ データ全体像の確認方法

データ全体像の確認方法

データ可視化	統計量算出
✓ ヒストグラム、円グラフ、箱ひげ図、散布図、ヒートマップ、散布図マトリックスなど	✓ 代表値:平均値、中央値、最頻値、最大値、最小値など ✓ 散布度:範囲、分散、標準偏差など

●データの全体像を確認する2つの方法

データベースに格納された生のデータはただの記号の羅列にすぎません。そのまま眺めるだけでは、全体像の把握にはつながらないため、データを要約し、その結果を用いてデータの分布や特徴を確認します。その方法には大きく分けて以下の2つがあります。

- **データを可視化する**:グラフなどを用いてデータを要約し、視覚的に分布の特徴を捉える
- **統計量を算出する**:平均や分散などの統計量を算出してデータを要約し、定量的に分布の特徴を捉える

以降、この2つの方法について解説します。

データの可視化

まず1つ目は、データをグラフなどで要約して全体像を視覚的に捉える方法で、一般的に「**可視化**」と呼ばれます。「ヒストグラム」「円グラフ」「箱ひげ図」「散布図」「ヒートマップ」「散布図マトリックス」など、データの可視化にはさまざまな手法があります。それぞれの手法を目的に応じて使い分けることで、データの全体像や特徴をより正確に把握しやすくなります。

●ヒストグラム

例えば、大学生50名に「1週間あたり何時間程度スマートフォンを使っているか」といったアンケートを取ったとします。その結果得られた50人分のデータをそのまま眺めるだけではデータの特徴、全体像はつかみづらいでしょう。

そこでヒストグラムを用いた可視化を行います。ヒストグラムは**量的データの分布を確認する**ためのグラフで、Excelなどの表計算ソフトで簡単に作成できます。データをいくつかの階級に分け、階級に当てはまるデータの数を集計してグラフを作成します。横軸にデータの階級を、縦軸にその階級に当てはまるデータの数をとります。

■ データをヒストグラム化することでデータの分布が見えてくる

大学生50名スマートフォン使用状況アンケート〜生データをヒストグラム化

対象者 1週間当たりのスマホ時間				
Aさん 17時間	Kさん 14時間	Uさん 3時間	EFさん 14時間	OPさん 5時間
Bさん 8時間	Lさん 25時間	Vさん 8時間	FHさん 8時間	PQさん 11時間
Cさん 7時間	Mさん 6時間	Wさん 23時間	HGさん 6時間	QRさん 11時間
Dさん 18時間	Nさん 11時間	Xさん 19時間	GIさん 21時間	RSさん 8時間
Eさん 24時間	Oさん 21時間	Yさん 6時間	IJさん 11時間	STさん 7時間
Fさん 15時間	Pさん 15時間	Zさん 13時間	JKさん 18時間	TUさん 30時間
Gさん 13時間	Qさん 14時間	ABさん 5時間	KLさん 17時間	UVさん 11時間
Hさん 1時間	Rさん 14時間	BCさん 19時間	LMさん 22時間	VWさん 12時間
Iさん 18時間	Sさん 11時間	CDさん 20時間	MNさん 14時間	WXさん 3時間
Jさん 12時間	Tさん 12時間	DEさん 7時間	NOさん 10時間	XYさん 16時間

生データが羅列されただけの状態では何もわからない

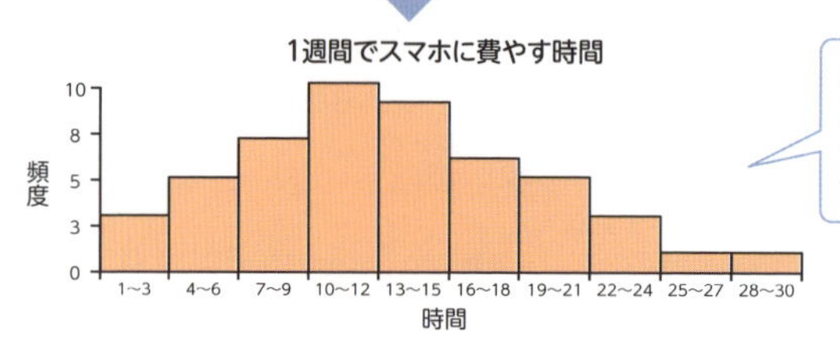

生データを可視化（グラフ化）する際に、最もよく使われる「ヒストグラム」。データを縮約して棒グラフにする

この大学生50名のスマートフォン使用状況アンケートは、ヒストグラムによる可視化を通じて、

- 30時間を超えるような値はなく、すべて30時間以下に収まっている
- 特定の範囲（例：10～12時間、13～15時間など）に回答が集中している
- その集中している範囲を中心に、値が大きい方も小さい方も現れにくくなっている

といった、データの羅列を眺めるだけでは確認が難しかったデータの分布の特徴が視覚的に確認できます。これが可視化を行う意義です。

●円グラフ

円グラフは**全体に対し各要素が占める構成比を視覚的に確認**するためのグラフです。円全体を100%とし、各要素の占める大きさが、その要素が全体に占める割合を示します。各要素の構成比が一目で直感的に理解しやすいため、広く用いられている手法です。

■ 円グラフの例

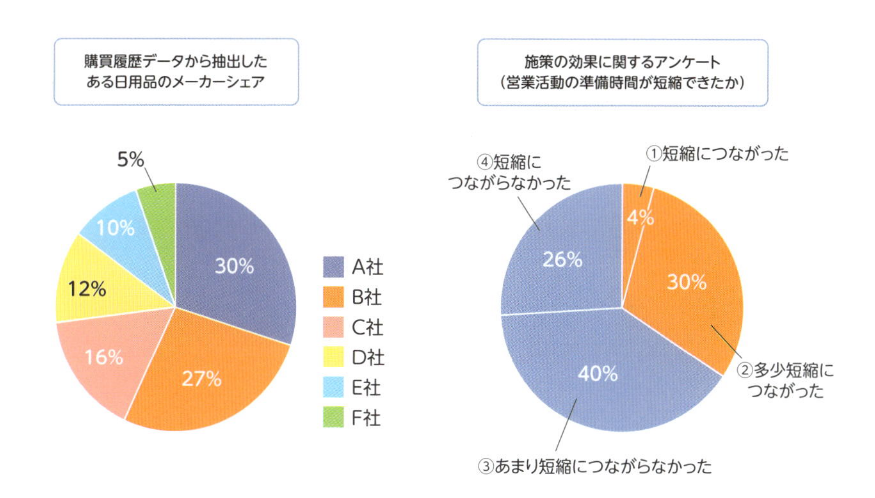

●箱ひげ図

箱ひげ図は**データのばらつきを見る**ためのグラフです。データのばらつきはヒストグラムでも確認できますが、箱ひげ図は異なる複数のデータのばらつき

をまとめての表示・比較ができます。四分位数を用いてデータのばらつきを表します。**四分位数**とはデータを小さい順に並べて、4等分したもので、小さい値から数えて、総数の1/4番目に当たる値が第1四分位数、真ん中に当たる値が第2四分位数（=中央値）、3/4番目にあたる値が第3四分位数となります。

■ 箱ひげ図の例

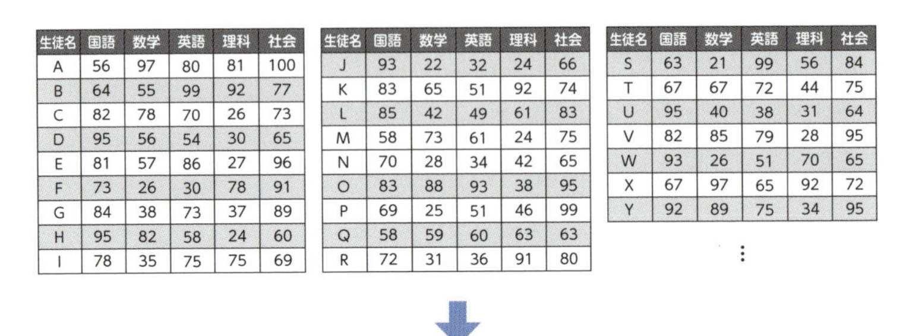

生徒名	国語	数学	英語	理科	社会
A	56	97	80	81	100
B	64	55	99	92	77
C	82	78	70	26	73
D	95	56	54	30	65
E	81	57	86	27	96
F	73	26	30	78	91
G	84	38	73	37	89
H	95	82	58	24	60
I	78	35	75	75	69

生徒名	国語	数学	英語	理科	社会
J	93	22	32	24	66
K	83	65	51	92	74
L	85	42	49	61	83
M	58	73	61	24	75
N	70	28	34	42	65
O	83	88	93	38	95
P	69	25	51	46	99
Q	58	59	60	63	63
R	72	31	36	91	80

生徒名	国語	数学	英語	理科	社会
S	63	21	99	56	84
T	67	67	72	44	75
U	95	40	38	31	64
V	82	85	79	28	95
W	93	26	51	70	65
X	67	97	65	92	72
Y	92	89	75	34	95

⋮

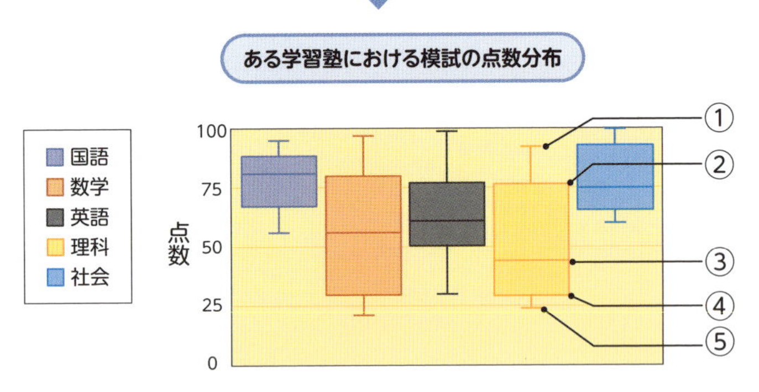

①最大値	最も大きい値
②第3四分位数	データを小さい順に並べて、小さい値から数えて総数の3/4番目に当たる値
③第2四分位数（中央値）	データを小さい順に並べて、小さい値から数えて総数の2/4番目に当たる値（中央値）
④第1四分位数	データを小さい順に並べて、小さい値から数えて総数の1/4番目に当たる値
⑤最小値	最も小さい値

●散布図

散布図は**2つの量的データの関係を示すのに有効なグラフ**です。横軸と縦軸にそれぞれの変数を取って点を打ちます。各点がバラバラに散らばっていれば「2つのデータには関連性が見受けられない」となりますが、各点の分布に何らかの特徴があれば「2つのデータには何らかの関連性が見受けられる」といったことが視覚的に確認できます。また、外れ値の確認にも便利です。

■散布図の例

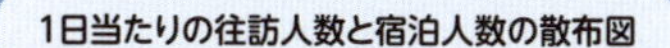

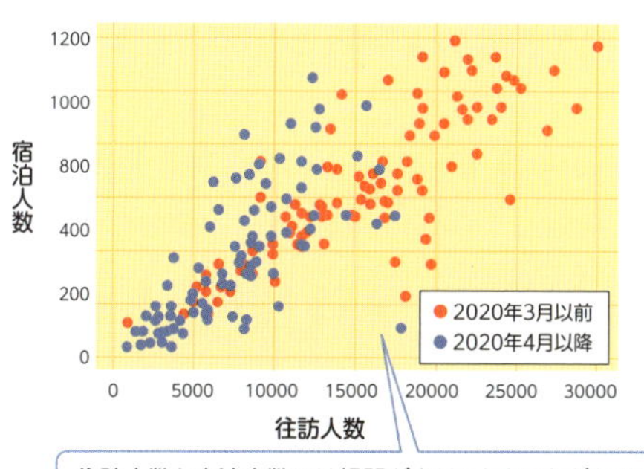

往訪人数と宿泊人数には相関がありそうなことがわかる

**2種類の組合せデータから作成する散布図
（摂取カロリーと体重増減の比較）**

	前日の摂取カロリー [kcal]	前日からの体重増減 [kg]
2021/05/01(土)	1,700	-0.3
2021/05/02(日)	2,200	0.2
2021/05/03(月)	1,800	0.1
2021/05/04(火)	1,900	-0.3
2021/05/05(水)	2,000	-0.2
2021/05/06(木)	1,900	-0.3
2021/05/07(金)	2,000	0.0
2021/05/08(土)	1,900	-0.2
2021/05/09(日)	2,300	0.3

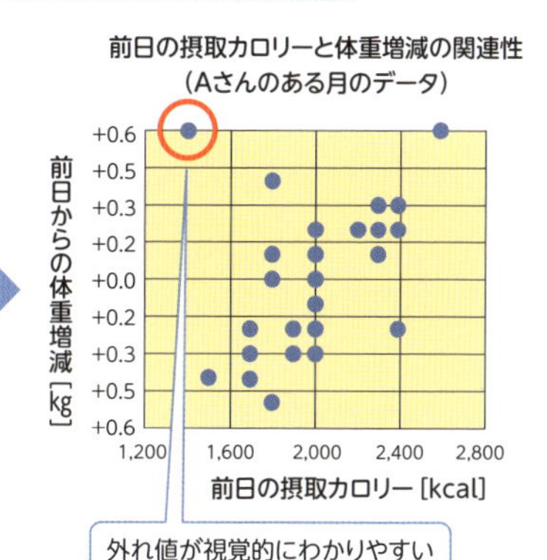

●ヒートマップ

ヒートマップは**質的データが取り得る値の組み合わせ**を行と列に配置し、各セルに対応する値を色の濃淡や色の変化で表現するグラフです。以下は、農業用機械のリースにおける修理依頼間隔（行）と故障内容（列）の組み合わせと、故障件数（対応する値）の高低の分布を色のグラデーションで可視化する例です。グラデーションをはっきりさせることで、データの関係を直感的に理解しやすくなります。

■ 図：ヒートマップの例

農業用機械のリースにおける故障内容と修理依頼間隔のヒートマップ

単位：件数

	部品交換	水漏れ障害	反応不良	吸引障害	その他
1年未満	3	2	1	0	2
1年以上2年未満	4	0	2	0	3
2年以上3年未満	3	4	1	6	4
3年以上4年未満	10	12	10	10	10
4年以上5年未満	6	6	7	13	7
5年以上6年未満	0	0	1	1	0
6年以上	0	2	0	0	1

いずれの故障要因も修理依頼間隔はまんべんなく2年以上から5年未満に集中

●散布図マトリックス

散布図マトリックスは**3つ以上の量的データのすべての組み合わせ（ペア）について散布図を並べたもの**です。各変数間の関係性を一度に確認でき、未知の関係性を探るような探索的データ分析に広く利用されます。例えば、製造ラインの機械に多数のセンサーを取り付けて大量のセンサーデータを取得する場合、すべてのデータの組み合わせの散布図を作成し、その散布図を行列の形に

■ 散布図マトリックスの例

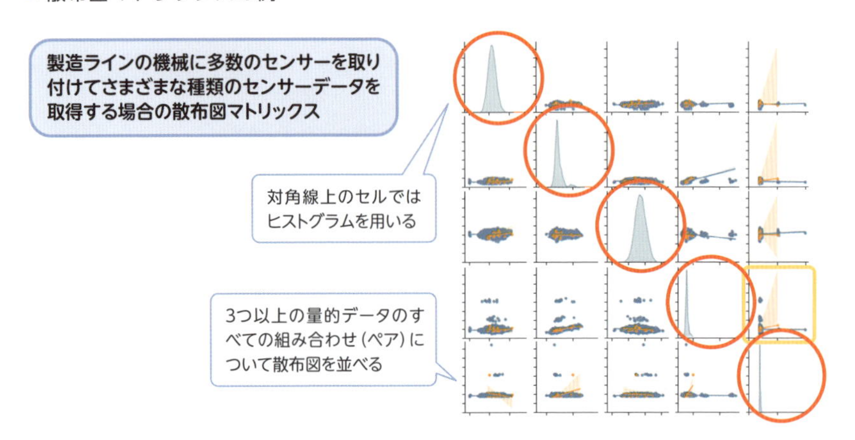

並べて作成します。各データの組み合わせにおける関係の有無や、どの組み合わせがより関係が強そうかを一目で確認できます。対角線上のセルではヒストグラムを用います。散布図マトリックスは、扱うデータの種類が多い場合、それぞれのデータの相関関係やパターンを視覚的に把握するのに非常に有用です。

統計量を算出する

2つ目は統計量を計算してデータの分布を定量的に確認する手法です。**統計量**とは、データに対して何らかの計算を行い、ばらつきや傾向などデータの分布の特徴を要約した値です。主に、分布の位置を表す「**代表値**」と分布のばらつきを表す「**散布度**」の2つの区分があり、例えば日常生活でもよく用いられる「平均値」は統計量の1つです。それぞれの統計量の概要を以下に示します。

■ 統計量の例

区分	統計量	概要
代表値	平均値（算術平均）	データの値の総和をデータの数で割った値。平均値には「幾何平均」、「調和平均」などの複数の算出方法があるが、一般的に「算術平均」の結果を指すことが多い
	中央値	データを小さい順に並べたとき、真ん中に位置する値。データが偶数個のときは、真ん中の2つの値を足して2で割った値となる
	最頻値	データの値の中でもっともよく現れる値。例えば（1,1,2,2,2,3,3,4,5,5,）というデータの場合、3回現れる「2」が最頻値
	最大値	データの中で最も大きな値
	最小値	データの中で最も小さな値
散布度	範囲	データの最大値から最小値を引いた値。データ全体の幅を把握しやすい
	分散	「『各値の平均値との差』の二乗」の総和をデータの数で割った値。各データの値がデータの平均値からどのくらい離れているのか（ばらついているのか）を表す
	標準偏差	分散の平方根。分散と標準偏差はどちらもデータのばらつきを表すが、標準偏差は実際の値のスケールに合わせてばらつきを示すので直感的にばらつきを把握しやすい

これらの統計量を算出すると、データの分布の中心がどこにあって、どのくらい散らばっているかを定量的に捉えることができます。

データの全体像を確認した上で、分析に適したデータかどうかを確認

ここまで紹介した可視化と統計量の算出は、それぞれメリットとデメリットがあります。

- **可視化**：分布の形状や外れ値の存在など、**データ全体の特徴を直感的に把握**しやすい反面、分析者によってはグラフの読み取り方が**経験や主観に左右されてしまい客観性に欠ける**こともある
- **統計量の算出**：分布の特徴を数値として得るため**客観性は高い**が、数値だけでは全体の分布の形状や外れ値の存在などを**直感的に確認しづらい**

そのため、実務では可視化と統計量の算出の両方を行うのが一般的です。

■ 可視化と統計量算出の活用

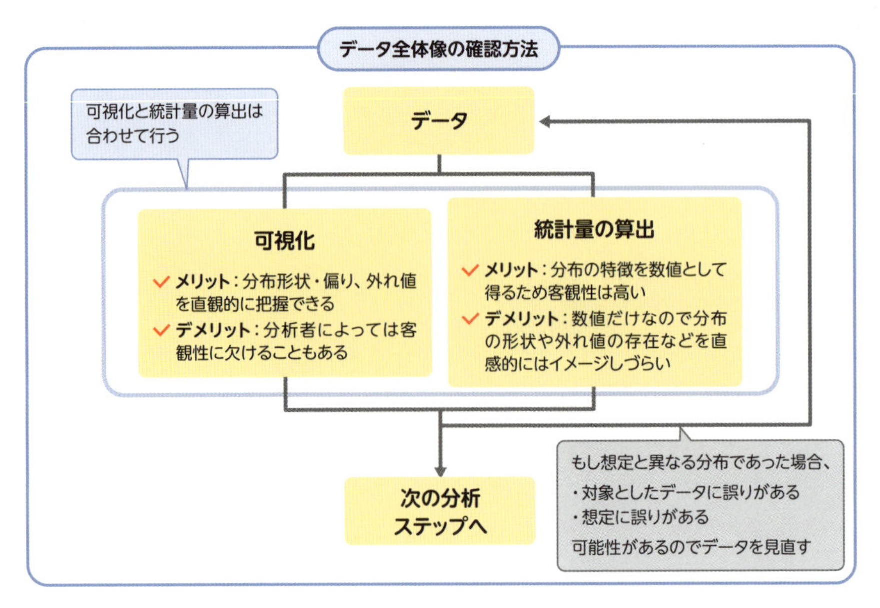

まず、いくつかの**可視化手法を試行**し、データの分布を視覚的に確認して、分布の大まかな特徴を理解します。合わせて代表値や散布度などの**統計量で定量的に確認**し、今回の分析目的に合っているかを判断します。

確認した結果、あらかじめ想定していた分布であれば次の分析ステップへ進みますが、もし想定と異なる分布であった場合は、「対象としたデータに誤りがある」「想定に誤りがある」のいずれかである可能性が高いため、まずはデータを見直す必要があります。事前に分布を想定しにくいことや、思ってもいない分布をしていることもありますが、特にデータに誤りがある状態のまま無駄な分析を進めないためにも、まずはデータの全体像を確認しましょう。

まとめ

- 分析の最初に生データを確認する
- データの全体像を確認する方法は「データの可視化」と「統計量の算出」
- 可視化と統計量の算出の両方を活用し、必要であればデータを見直し、次の分析のステップへ進む

28 データの加工①
データの形式を揃える

データの確認を終えたら、データ分析に向けてデータの加工を行います。データの加工の最初のプロセスは、データの形式を揃えることです。ここでは、データ形式を揃える方法とその重要性を解説します。

データの加工を行う3ステップ

データ分析を進める前に、まずは分析の目的に合わせた形にデータを加工します。ここでは、**データの加工のプロセス**を大きく以下の3つのステップに分けて解説します。

1. データの形式を揃える
2. データクレンジングを行う
3. データの構造を加工する

各ステップでは、単にデータを変換するだけでなく、分析に向けたルール作りや、分析結果の解釈において誤った結論を導かないための重要なポイントを解説します。

データの形式を揃える

データの加工の初めのステップは、データの形式を揃えることです。ここでは、数値データ、日付データ、カテゴリデータ、名寄せについて解説します。

数値データ

数値データは「10」や「100」といった数値で表されるデータですが、数値といっても整数や小数、指数、対数などさまざまな形式があります。自身が行いたい分析に対し、どんな表現が適切なのかを考えて、揃える形式を選択しましょう。特に小数を扱う場合には、小数点以下の桁数を第何位まで使用するのか、切り上げ、切り下げ、四捨五入など端数をどのように取り扱うか、といった点についても考慮が必要です。

また、複数のデータソースからデータを収集している場合、単位が異なっている可能性があるため、**いずれかの単位に統一する必要がある**ことも注意しましょう。

このように一言に数値といっても、考慮をしなければならないことがいくつもあります。データ中のどの項目の数値はどのように扱うのか、ルールを明確にしておくことが大切です。

■ 数値データの形式を揃える例

取引先の財務評価をするようなケース
2種類のデータを統合するため、同一と見なす項目については桁を揃えておく

自社のデータ

企業コード	売上総利益率	…
AAA	0.329948	…
BBB	0.412311	…

信用格付け会社から購入したデータ

法人番号	売上総利益率	…
XXXX	24.55%	…
YYYY	44.51%	…

小数第4位での四捨五入で統一

企業コード	売上総利益率	…
AAA	0.330	…
BBB	0.412	…

法人番号	売上総利益率	…
XXXX	0.246	…
YYYY	0.445	…

日時データ

データには日時を示す情報があります。購買データであれば商品を購入した日時、ログデータであれば処理を行った日時など、何らかのイベントが発生した日時がデータとして記録されています。

日時に関するデータの形式には、年月日だけの形式もあれば、年月日と時分秒を持つ形式などもあります。また、年は西暦なのか和暦なのか、時間は12時間表記なのか24時間表記なのか、**形式は多岐にわたります**。

●日時データの形式を揃える際の注意

どのような形式にするのかは分析の目的によりますが、以下の点はよくある注意点として意識しておいた方が良いでしょう。

例えば、初めは月単位の集計を行う予定でも、後に日単位の集計が必要となる場合に備えて、初期の段階からなるべく**細かい日時まで保持**しておいた方が良いです。

次に、**日時の不均一**にも注意が必要です。「あるデータは秒まで、あるデータは分までしか記録されていない」といった場合、分までしか記録されていないデータを単純に秒単位まで保持する形式に変換すると、一律0秒に設定されることがあります。この「0秒」のデータのままで後の分析を行った場合、誤った分析結果を招くこともあり得ます。

最後に**時差の統一**についても注意が必要です。UTC/協定世界時とJST/日本標準時との時差など、日時データはデータを取得した環境によって、異なる基準の日時となっている場合があります。共通の基準を定義し、補正を行いましょう。

■ 日時データの形式を揃える例

複数のシステムのデータを統合してデータを活用するケース
それぞれ日時の持ち方がことなるため、同じシステム上で処理できるように型を変換して同じ形式で日時データを取り扱えるようにする。

Aシステム

…	○○日時	…
…	2025/6/1 11:23:45	…
…	2025/6/2 10:53:12	…

…	○○日時	…
…	2025-6-1 11:23:45	…
…	2025-6-2 10:53:12	…

Bシステム

…	××日時	…
…	令和7年6月10日14:55:45	…
…	令和7年6月13日18:41:21	…

…	××日時	…
…	2025-6-10 14:55:45	…
…	2025-6-13 18:41:21	…

Cシステム

…	△△日時	…
…	2025/6/3 11:23:45.123	…
…	2025/6/4 9:12:05.564	…

…	△△日時	…
…	2025-6-3 11:23:45	…
…	2025-6-4 9:12:06	…

日時型を YYYY-MM-DD hh:mm:ss 形式に統一

カテゴリデータ

カテゴリデータは、第1章「01 データとは何か」にて解説した**「質的データ」に該当するデータ**で、性別や地域など単に他のデータと区別することにしか意味を持たないものと、ランキングのように順序関係を持つものがあります。

●自然言語から数値への変換

カテゴリデータは「男性」や「女性」など、自然言語として生データに記録されているものがありますが、「男性」＝1、「女性」＝2などのように、数字に変換することが多いです。この変換時に用いる「1」や「2」は**ダミー変数**といいます。数値に変換することにより、データを分析するシステムにおいて扱いが容易になる、データサイズを圧縮できる、などといったメリットがあります。しかし、この数字はあくまで質的データを数字という記号に対応付けているだけであり、数量としての性質は持っていないため、和や差の計算には意味がないことに注意してください。

●順序関係の考慮

また、順序があるカテゴリデータでは、順序を反映した数値を割り当てることが望ましいです。例えば、商品満足度の評価アンケートの選択肢を「良い」「普通」「悪い」としたとき、これらは満足度を比較するもので、明確に順序関係が存在します。例として、1＝良い、2＝普通、3＝悪い、といったように**順序関係を意識した数値に対応**付けておくと、データを可視化した際の順序も容易に統一できます。分析プロジェクト全体で一貫したルールを設定しましょう。

■カテゴリデータの形式を揃える例

	カテゴリデータ	順序関係の考慮
性別	男性、女性、その他	必要に応じて
地域	北海道、東北、関東、・・・	必要に応じて
満足度	良い、普通、悪い	考慮した方が良い
ランキング	1位、2位、3位、・・・	考慮した方が良い

名寄せ

名寄せとは、同じ人や物事に対する情報が、異なる表記や形式で記録されている場合に、それらを1つにまとめる作業です。もとは金融業における口座情報の取りまとめ業務を指していましたが、現在では金融業や口座情報に限らず、情報の取りまとめ全般を指して使われています。

■ 名寄せの例

<単純な名寄せ>
単純な名寄せでは名称だけで突き合わせる。

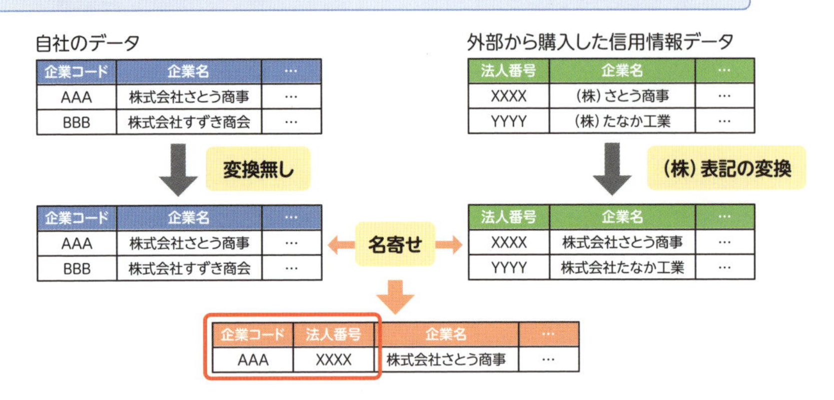

企業コード	企業名	…
AAA	株式会社さとう商事	…
BBB	株式会社すずき商会	…

法人番号	企業名	…
XXXX	(株) さとう商事	…
YYYY	(株) たなか工業	…

企業コード	企業名	…
AAA	株式会社さとう商事	…
BBB	株式会社すずき商会	…

法人番号	企業名	…
XXXX	株式会社さとう商事	…
YYYY	株式会社たなか工業	…

企業コード	法人番号	企業名	…
AAA	XXXX	株式会社さとう商事	…

<複数項目を使用した名寄せ>
名称は同じでも実態は別物、というケースもある。そのため、単純な名前での突き合わせではなく、住所や電話番号など、複数の項目を使って名寄せするケースが一般的。

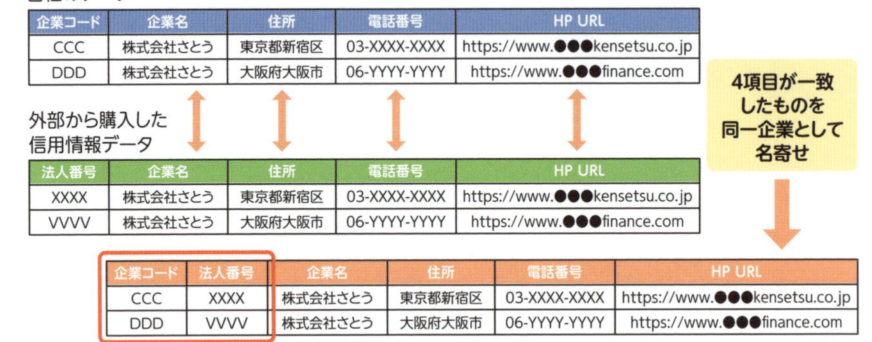

企業コード	企業名	住所	電話番号	HP URL
CCC	株式会社さとう	東京都新宿区	03-XXXX-XXXX	https://www.●●●kensetsu.co.jp
DDD	株式会社さとう	大阪府大阪市	06-YYYY-YYYY	https://www.●●●finance.com

法人番号	企業名	住所	電話番号	HP URL
XXXX	株式会社さとう	東京都新宿区	03-XXXX-XXXX	https://www.●●●kensetsu.co.jp
VVVV	株式会社さとう	大阪府大阪市	06-YYYY-YYYY	https://www.●●●finance.com

企業コード	法人番号	企業名	住所	電話番号	HP URL
CCC	XXXX	株式会社さとう	東京都新宿区	03-XXXX-XXXX	https://www.●●●kensetsu.co.jp
DDD	VVVV	株式会社さとう	大阪府大阪市	06-YYYY-YYYY	https://www.●●●finance.com

●「企業名」での名寄せの例

具体例として、「企業名」で名寄せをすることを考えます。ある顧客企業に対する売上が複数業務にまたがっており、

小冊子制作業務：　株式会社技術評論社　売上300万円
書籍制作業務：　（株）技術評論社　　売上500万円

といったように、別々に記録されている業務を1つにまとめる作業を想定します。このままでは、「株式会社」の表記が業務によって異なっているため、単純に集計を行うと「株式会社技術評論社」「（株）技術評論社」と別々のものとして集計されてしまいます。そこで、表記を「株式会社」の記載で統一するというルールにし、（株）の表記を「株式会社」へ統一したうえで集計を行うことで、

株式会社技術評論社　売上800万円

のように、顧客企業に対する売上を**1つにまとめる**ことができます。これが名寄せです。

名寄せは企業に対してだけでなく、個人や世帯、製品やサービスなどさまざまなものを対象に行います。分析を行いたい対象に合わせ、何を名寄せする必要があるのかを検討したうえで、名寄せを行いましょう。

まとめ

- **数値・日時データの統一：単位や桁数、時差などの形式を統一する**
- **カテゴリデータの整備：ダミー変数変換や順序関係を考慮する**
- **名寄せの実施：異なる表記の統一により、正確なデータ集計を実現**

29 データの加工② データクレンジング

データの形式を揃えたら、次にデータクレンジングを行いましょう。ここではデータクレンジングの重要性と、外れ値、欠損値を処置する方針や処置を行う手順について解説します。

データクレンジング

生データには、滅多に起きない現象などにより数値が極端に異なる外れ値、データの取得失敗などによりデータが抜けている欠損値がそのまま含まれています。これらを含んだまま分析を行うと、結果の正確性が低下してしまうため、事前に修正や除去を行います。この修正や除去を行う処置を**データクレンジング**といいます。

外れ値の処置の方針

外れ値とは、取り扱うデータセットの中で他の値とは極端に異なる値を指します。例えば、成人男性の身長データの中に「身長280cm」というデータがあった場合、明らかな外れ値です。外れ値は、適切に処置を行わないと誤った分析結果を導く可能性があるため、扱いには注意が必要です。外れ値を視覚的に確認するにはヒストグラムや散布図などが有用です。

■外れ値の把握

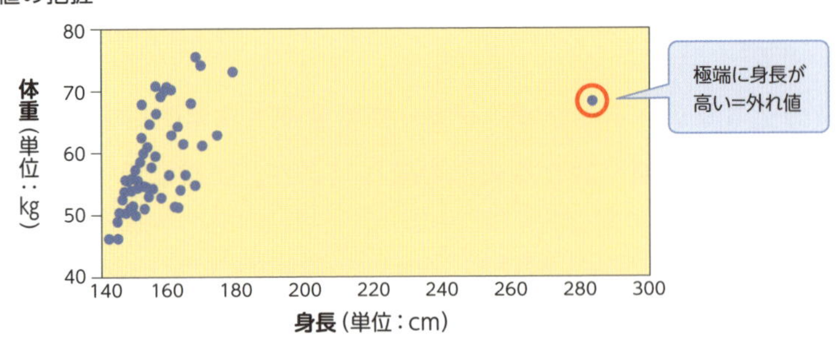

外れ値の処置としては、大別すると「除去する」「除去しない」の2つの方針があり、どちらの方針を選ぶかは、以下2点について考慮する必要があります。

●外れ値は実際の現象を正確に記録したものであるか？

例えば前述した「身長280cm」というデータの場合、この値は正確な記録ではなく、例えば「180cm」を誤入力したものと考えられます。このような値を含めて分析をしても誤った結果を招くだけなので、除去すべきでしょう。

●正確な記録でも、外れ値を含めて分析をすることが分析の目的に沿っているか？

「生活の実態を把握する」「構造物の安全性に関するリスクを評価する」という目的の例を取り上げながら、外れ値を含める分析がそれぞれの目的に適しているかどうかを想定してみましょう。

「生活の実態を把握する」目的において、「対象地域の年収分布を分析する」場合、極端な高所得者は除去した方がより実態を反映した分析結果が得られることもあります。仮に499人を対象に年収を調査したとき、全員の年収が1,000万円以下で、平均年収が300万円であったとします。ここに年収50億円の人物を1人加えた500人が対象になると、平均年収は約1,299万円となり、実際

■ 外れ値を除去すべき例

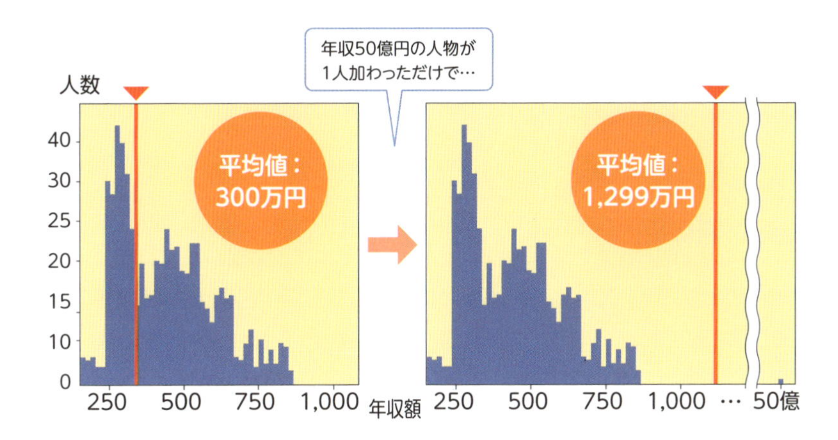

1人だけ「50億円」の年収を持つ高所得者が混ざると、平均年収が約1,299万円に跳ね上がり、現実の実態を反映しづらくなる

■ 外れ値を除去すべきでない例

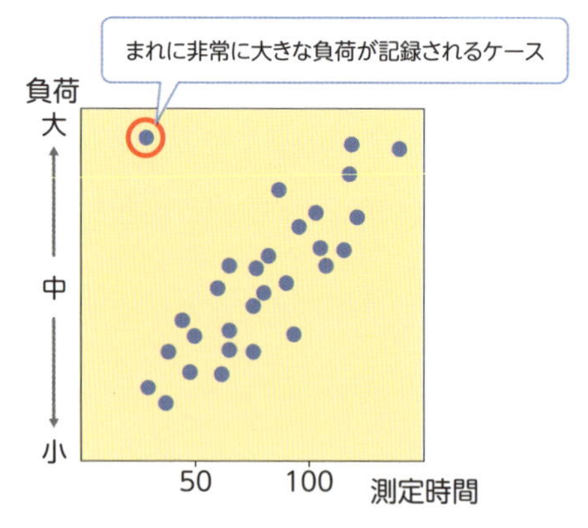

外れ値であっても除去してしまうと、リスクを過小評価することにつながりかねない

には1人も存在しない年収層が平均値として得られます。これは**実態を反映しているとは言い難い結果**です。

一方、「構造物の安全性に関するリスクを評価する」目的において、「想定した状況において構造物にかかる負荷の分布を分析する」場合、外れ値であっても現実に記録された値であれば、対象に含めて分析をするべきでしょう。**除去してしまうと、リスクを過小評価する**ことにつながりかねません。

このように、外れ値を取り除くべきかどうかについては分析の目的なども考慮して慎重な判断が必要です。事前にデータの分布から外れ値と思われるデータを整理した上で、プロジェクトのメンバーや業務有識者などと扱いをよく協議し、処置の方針を決定しましょう。

外れ値の処置

事前に外れ値を除去する方針となった場合、各データが外れ値かを判定し、外れ値であると判定したデータを除去していきます。外れ値の判定は、1つずつ確認して判断するのは現実的に難しいことが多いので、基準となる範囲を設け、その範囲に収まっているかどうかで判断します。基準となる範囲の設定方法にはさまざまな方法がありますが、以下に**2つの一般的な基準の設定方法**を解説します。

●四分位範囲に着目する方法

1つ目が、データを値の大きさで並べたときの順番に着目した方法で、「27 データの確認」の箱ひげ図の解説にあった四分位数を用います。**四分位数**とは、データを小さい順に並べて4等分したときの境界になる値ですが、「第三四分位数(Q3) − 第一四分位数(Q1)」の値を四分位範囲(IQR)と呼びます。そして、

$$Q1-(1.5\times IQR)\leq x\leq Q3+(1.5\times IQR)$$

の範囲から外れた値(x)を外れ値とします。

■ 外れ値の判定例：箱ひげ図

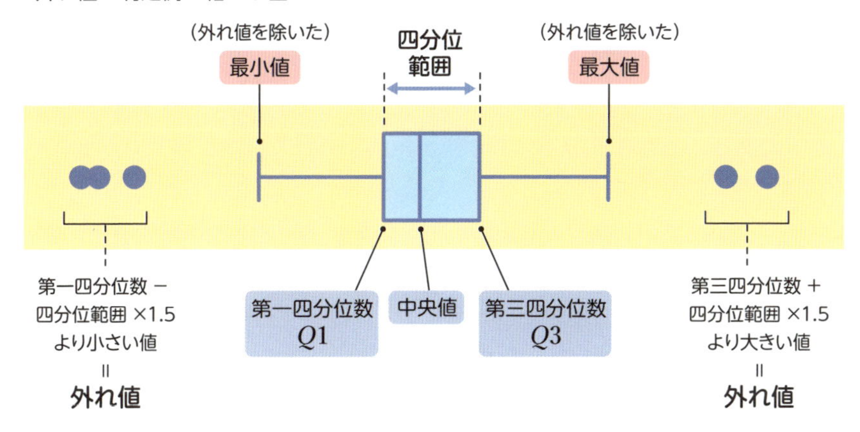

箱ひげ図では外れ値は点で示す

●正規分布を仮定し、標準偏差に着目する方法

2つ目が、データがある値の範囲に収まる確率に着目した方法です。そのデータの分布が**正規分布**（平均を中心とする左右対称の釣り鐘型の分布）と仮定できる場合、ある値の範囲に全体の何%のデータが含まれるか、を計算できます。この正規分布を利用して、外れ値の基準を設けます。平均値($\bar{x}$)と標準偏差(σ)が分かっている場合、慣習的には標準偏差の3倍を基準として、

$$\bar{x}-3\sigma\leq x\leq\bar{x}+3\sigma$$

といった範囲から外れた値を外れ値とすることが多いです。この場合、母集団全体の上位0.15%、下位0.15%のデータが外れ値となります。標準偏差の2倍を用いた場合は、母集団全体の上位2.5%、下位2.5%のデータが外れ値となります。

■ 外れ値の判定例：正規分布

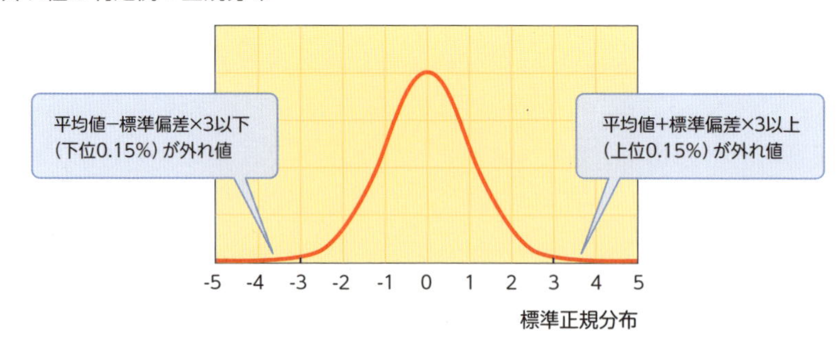

四分位範囲に着目する方法は外れ値が極端な場合でも良く判定できますが、データが中央値付近に極端に集中している場合は判定が厳しくなりやすく、多くのデータが外れ値と判定されるようになります。一方、標準偏差を用いる方法は正規分布を仮定しており、極端な外れ値がある場合には平均値・標準偏差自体が大きく影響を受ける可能性があります。データの性質を踏まえて基準を選択してください。

欠損値の処置の方針

欠損値とは、取得したデータの中で値が欠けているものです。例えば、アンケートデータであれば回答が抜けている項目、センサーデータであれば測定エラーなどによって記録されていない測定値が、欠損値に該当します。欠損値は、無視してそのまま分析に使用することもありますが、除去したり何らかの値で補完したりする処置をすることが多いです。欠損値をどう扱うかは以下のような観点に着目して検討を進めます。

●欠損値の全体に占める割合の確認

欠損しているデータが全体の数%程度であれば、除去する方針でも結果に大きな影響がないことが多いです。しかし、欠損しているデータの割合が大きい場合、補完する方針を検討します。理由としては、もし欠損しているデータに何らかの同一の傾向が存在している場合、それらを除去することで残ったデータに**意図しない偏りが生じてしまうのを避ける**ためです。

●欠損値が発生する原因の理解

前述の通り、**欠損値を除去する際には次の観点から注意が必要**です。例えば、アンケートデータにおいて「特定グループが特定の項目の回答に消極的」といった傾向が存在している場合、このグループが全体に占める割合が大きくなるほど、未回答のデータを除去した際に分析結果に大きな偏りが出てしまいます。このように、欠損値のあるデータ項目を削除する際は、具体的なデータの取得方法や取得条件について詳細に確認して、欠損値が発生しているメカニズムを理解することが重要になります。メカニズムを理解したうえで、欠損値のあるデータは除去するのか、補完するのか、補完する場合どのように補完するのか、欠損値に対する適切な処置の方針を検討します。

上記のような流れで検討した方針はメンバーだけでなく、データの発生元に関する有識者、業務担当者などにも説明したうえで、決定しましょう。

欠損値の処置

処置の方針が「**欠損値を除去する**」、もしくは「**何らかの値で補完する**」のいずれかになった場合、それぞれの方法や手順について解説します。

●欠損値を除去する

欠損値のあるデータを削除します。削除にもいくつか方法がありますが、一般的なのは欠損値を含む行や列をすべて削除する方法です。対応は非常に簡単ですが、前述のように欠損値を含む行や列の割合が多い場合、分析結果に悪影響が出てしまうことがあるので、注意しましょう。

●欠損値を何らかの値で補完する

欠損値の補完方法はさまざまなものがあります。

- 対象の項目で値が欠損していない他のデータを用いて平均値、中央値、最頻値を計算し、その値で補完する方法（もっとも一般的な方法）
- 「0」などの定数で一律に補完する方法
- 対象の項目以外を用いて予測モデルを作成し、欠損している値を予測する方法

補完方法は、前述したように欠損値の発生するメカニズムを理解したうえで、もっとも適切な値で補完できる方法を選択することが大切です。

■ 欠損値の補完例

工場の設備を管理するシステムで、日々の気温を記録している
4月4日の気温がシステムの不具合で取得できなかったので、週の平均気温で補完する

気温記録データ

日	平均気温（℃）	最高気温（℃）
4/1	13.8	19.2
4/2	13.6	20.2
4/3	12.5	14.6
4/4	−	−
4/5	10.7	13.8
4/6	12.0	14.4
4/7	17.3	23.8
⋮	⋮	⋮

欠損した気温を、週の平均気温で補完

日	平均気温（℃）	最高気温（℃）
4/1	13.8	19.2
4/2	13.6	20.2
4/3	12.5	14.6
4/4	13.3	17.7
4/5	10.7	13.8
4/6	12.0	14.4
4/7	17.3	23.8
⋮	⋮	⋮

まとめ

- **外れ値の処理：四分位範囲や標準偏差を基準にし、分析目的に応じて除去する、または除去しないを判断**
- **欠損値の処理：欠損値が発生するメカニズムを理解し、削除または補完を判断**

30 データの加工③ データ構造の加工

データの加工において最後のステップは、データ構造の加工です。ここでは、データの統合、抽出・集計、正規化・標準化といった構造の加工の手順と適用方法を解説します。

データ構造の加工

データの形式を揃えて、外れ値や欠損値の処置を行ったら、いよいよデータ分析に向けたデータ構造の加工に移ります。ここでの「データ構造の加工」とは、具体的には「**データの統合**」「**データの抽出と集計**」「**データの正規化と標準化**」のプロセスを指し、それぞれの手順・流れを解説していきます。

データの統合

データの統合は、異なるデータソースに存在するデータを、分析する目的に合わせて統合するプロセスです。分析に必要なデータは複数のファイルやデータベースに分かれていることがよくあるため、1つに統合することが必要になります。例として、顧客属性ごとの商品の購買傾向に関する分析を行うため、購買履歴データと顧客データを統合するケースを考えてみましょう。

「購買履歴データ」には顧客が購入した商品や購入日時が記録されていますが、顧客の年齢や性別といった顧客属性情報は通常は「顧客データ」として別々に管理されています。この分かれた2つのデータは、「顧客番号」などの共通キーを設けることで、各購入履歴データに顧客データの顧客属性情報を紐付けて統合できます。この統合のプロセスにより、「どの年齢層がどの商品を購入しているのか」といった分析をすることが可能になります。

■ データ統合の例

顧客情報データと購入履歴データを統合し、
各商品の購入者情報を分析する

顧客情報データ

顧客番号	氏名	年齢	性別	…
AAA	X田 太郎	34	男	…
BBB	Y藤 花子	21	女	…
CCC	Z橋 洋一	48	男	…

購入履歴データ

購入日	商品名	顧客番号	…
5月12日	ツナマヨおにぎり	AAA	…
5月13日	サラダチキン	BBB	…
5月17日	カップ麺	AAA	…

購入日	商品名	年齢	性別	…
5月12日	ツナマヨおにぎり	34	男	…
5月13日	サラダチキン	21	女	…
5月17日	カップ麺	34	男	…

データの抽出と集計

データを統合しただけでは、データはまだ収集した際と大きくは変わらない明細のままといえます。そのため、次に分析の目的や用途に合わせて、**データの抽出と集計**という作業を行います。例として商品の売上分析のケースを考えてみましょう。

- **抽出**：個々の販売履歴データから分析対象、目的となる商品のデータを抽出する
- **集計**：抽出したうえでさらに、地域別、店舗別、日別、月別、3ヶ月別など、分析の目的や用途に合わせて、売上額を集計する。集計時は必要に応じて合計値だけでなく、平均値、中央値、最頻値、最大値、最小値、分散などの値を算出する

データの抽出と集計のプロセスは、一度実施して終わりではなく試行錯誤しながら何度も行うことで、多角的な視点からの分析が可能になります。

■ データの抽出と集計の例

購入履歴データから、ツナマヨおにぎりの購入履歴を抽出し、
日別かつ男女別の購入数を集計する

購入履歴データ（顧客情報統合済み）

購入日	商品名	年齢	性別	購入数	…
5月12日	ツナマヨおにぎり	34	男	2	…
5月13日	サラダチキン	21	女	1	…
5月17日	カップ麺	34	男	1	…

ツナマヨおにぎりの
購入履歴を抽出

購入日	商品名	年齢	性別	購入数	…
5月12日	ツナマヨおにぎり	34	男	2	…
5月12日	ツナマヨおにぎり	17	男	2	…
5月13日	ツナマヨおにぎり	45	女	1	…

日別かつ男女別の
購入数を集計

購入日	性別	購入人数	購入個数
5月12日	男	10	15
5月12日	女	7	8
5月13日	男	8	10
5月13日	女	4	4
5月14日	男	13	15
5月14日	女	6	8
…	…	…	…

データの正規化と標準化

データ構造の加工の最後のプロセスは、**データの正規化と標準化**です。データの正規化と標準化は、いずれも異なる尺度や範囲を持つデータを比較可能な状態に変換する手法です。このデータを変換する作業を、データ分析においては「**スケーリング**」（調節）とも呼びます。異なる尺度や範囲を持つデータセット間で比較する場合は、先にデータの正規化や標準化を行います。正規化と標準化は目的が同じですが、以下のような違いがあります。

●正規化（Normalization）

正規化とはデータセット内の最小値を0、最大値を1に変換するスケーリング手法です。データセット内の各データに対し、以下の変換を行います。

$$\text{正規化後の値} = \frac{(\text{各データの値})-(\text{最小値})}{(\text{最大値})-(\text{最小値})}$$

データセット全体が「最小値=0、最大値=1」の範囲内に収まるようになり、正規化後の値は「全体を0〜1としたとき、どれくらいの位置にあるか」を表すため、直感的にわかりやすいのが利点です。しかし、あらかじめ最大値や最小値が決まっていない場合、外れ値があるとその値が最小値や最大値として扱われてしまいます。その結果、本来着目したい範囲のデータが0や1の近くに密集して分布の様子がわかりにくくなる恐れがあります。

そのため、測定される最大値と最小値の範囲があらかじめ決められている温度計（0〜100℃）など測定機器のデータをスケーリングする場合に用いられます。

●標準化（Standardization）

データの平均を0、標準偏差（および分散）を1となるように変換するスケーリング手法です。データセット内の各データに対し、以下の変換を行います。

$$\text{標準化後の値} = \frac{(\text{各データの値}) - (\text{平均値})}{(\text{標準偏差})}$$

データセット全体の分布が「平均値=0、標準偏差=1」になり、標準化後の値は、「この分布の中で平均から標準偏差何個分離れた位置にあるのか」を示します。そのため、異なる分布を持つデータセット間であっても、各データが分布の中において相対的にどこに位置しているかを比較しやすいのが利点です。また、標準化は変換に平均値を使用するため、最大値や最小値を使用する正規化よりも外れ値の影響を受けにくいという特徴があります。

標準化は身長や体重のように、最大値と最小値があらかじめ決まっていないデータをスケーリングする場合に用いられます。とはいえ、「身長280cm」のような極端な外れ値は平均値の算出にも影響を与えるので、明らかな外れ値は事前の「データクレンジング」の段階で除去しておく必要があります。

■正規化と標準化の例

正規化
(Normalization)

最小値：0
最大値：1

0
1

標準化
(Standardization)

平均：0
標準偏差：1

$\sigma = 1$

0

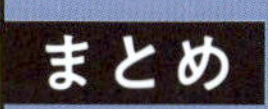

- **データの統合：異なるデータソースを共通キーで結合し、一貫性のあるデータセットを作成**
- **データの抽出・集計：分析目的に応じて必要なデータを選別し、分析対象だけの集合を作成**
- **データの正規化・標準化：異なる尺度や範囲を持つデータを統一し、比較しやすい形式へ変換**

31 データ分析①
現状把握、将来予測、未知の関係性探索

データのクレンジングや加工が完了したら、設計した分析方針に沿って分析を行い、データ分析の目的の達成に向けてさまざまな分析結果を得ます。ここでは、データ分析の目的に応じて、どのような分析を行うのかを、具体例に沿って解説します。

現状把握

データ分析において、特に「分析」といえば、データそのものに対し、目的に応じたさまざまな手法を適用して解析することを指します。

「**現状把握の分析**」は、データ分析によって、あるべき状態と現状にギャップを明らかにし、問題点や課題、それらの原因を特定することを目的とします。そのために、最新の状態を示すデータだけでなく、必要に応じて過去の状態を示すデータも多様な観点から解析し、理想と現状のギャップを具体的に示すデータや傾向を見つけ出します。

●具体例：製造ラインのボトルネックの特定

ある製造業では、製造ラインにおける生産数の最大化を目指して、ソフトウェアによる**製造ラインのシミュレーション**を実施しています。しかし、複数の製品が同じ製造ラインを流れたり、同じ製品でも工程によって別のラインを流れたりするなど、製造ラインに関してはさまざまなパラメータが絡んできます。そのため、シミュレーションの設定によっては予期せぬ箇所にボトルネックが発生し、生産数が目標に達しない状況が多々発生していました。

そこで、最大の目的である「生産数を最大化するようなシミュレーション設定を効率良く発見すること」よりも、まずはボトルネックがない状態を理想として、「製造ラインのどの箇所・どの工程がボトルネックとなっているのか特定すること」をプロジェクトのスコープとしました。このスコープに向かって、製造ラインの各工程をシミュレーションで仮想的に稼働させたときのログデータを分析しました。

具体的な分析としては、以下のような処理を行います。

- **定義**：ボトルネックとして特定したい製造ラインの状態を具体的に定義する（例：前工程で加工後の製品で詰まっている、後工程が空き状態になっている、など）
- **収集から判定**：ETLツールなどを使ってログデータを収集し、定義したボトルネック状態に該当するかどうかを機械的に判定する
- **ボトルネックの特定**：各工程に、ボトルネックが発生した時間を集計・可視化し、特に頻繁にボトルネックとなっている工程を特定する

この分析は1回きりではなく、シミュレーションを実行するたびに毎回実施すべき分析です。また、もしこの分析で効率的にボトルネック工程の特定ができると判断されれば、どのような設定のシミュレーションであっても同一の分析ができるようにツール化して、今後のシミュレーション業務の中に組み込んでいきます。

■ データ分析でボトルネックを特定

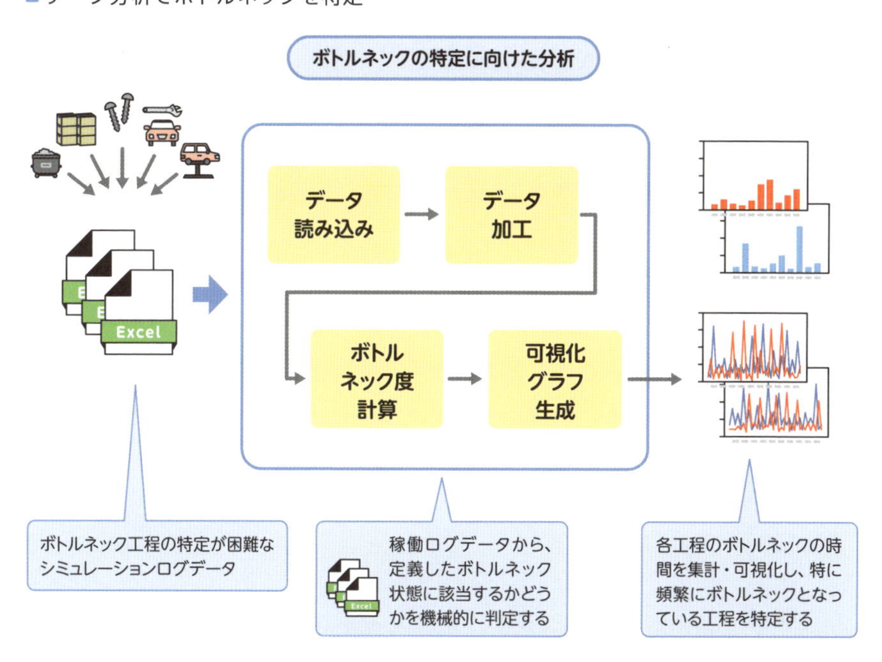

将来予測

日々の気温や株価の変動など、時間の経過とともに変化する量を決まった時間間隔で定期的に観測して収集したデータを、**時系列データ**といいます。「**将来予測の分析**」とは、時系列データを解析して、将来の傾向や状態を予測することにより、現時点で取るべき行動のフィードバックをするための分析といえます。

●具体例：融資の必要性の予測

ある金融機関では地元企業に対して融資をしていますが、競合となる金融機関よりも自らを融資元として選んでもらえるよう、融資が必要になる前の段階から営業活動を行っています。しかし、営業人員不足や経験の浅い若手職員も多いことから、営業活動が効率的にできていないという課題がありました。

もし、数か月先など近い将来に融資を必要とする可能性が高い企業を特定できれば、該当の企業に向けて営業リソースを集中的に割けて、効率的に営業活動できます。そこで、企業の口座の入出金データなどを活用したデータ分析によって、**融資を必要とする企業を予測**できないか試みました。

具体的には、以下のような分析を行います。

- **明細を集計し、時系列データを作成**：企業の口座の入出金データを加工し、日単位、月単位などの単位で入出金の発生回数や残高を集計する。集計を通して、企業の口座の動きに関する時系列データを作成する
- **分類モデル構築**：「企業の口座の動きに関する過去の時系列データ」と「過去の融資の実行履歴」を組み合わせることで、「数か月間の時系列データの動きを入力として、さらに数か月先に融資が必要になる企業かどうか」を分類するモデルを構築する
- **融資先の予測**：構築した分類モデルに直近の数か月間の時系列データを入力して分類結果を出力することで、「数か月先の将来に融資が必要になる可能性が高い企業」を抽出する

もしこの分析が融資できる見込みが高い企業の特定に効果的で、その結果と

して融資総額が増加する見込みがあると判断されたとします。その場合、月1回など定期的なペースで企業の口座の入出金データを取得し、分類モデルを使って融資が必要になる可能性が高い企業を抽出するまでの一連の流れをツール化するなどして、業務の中に組み込んでいきます。

また、この例では扱いませんでしたが、時系列データの分析に特化した分析手法として、「**AR（自己回帰モデル）**」や「**ARIMA**」といった手法があります。季節や曜日によって時系列データの値が変動する場合のように、変動の仕方に一定の周期性が見られるケースでは、このような分析手法が有効です

■ データ分析で融資が発生する企業を抽出

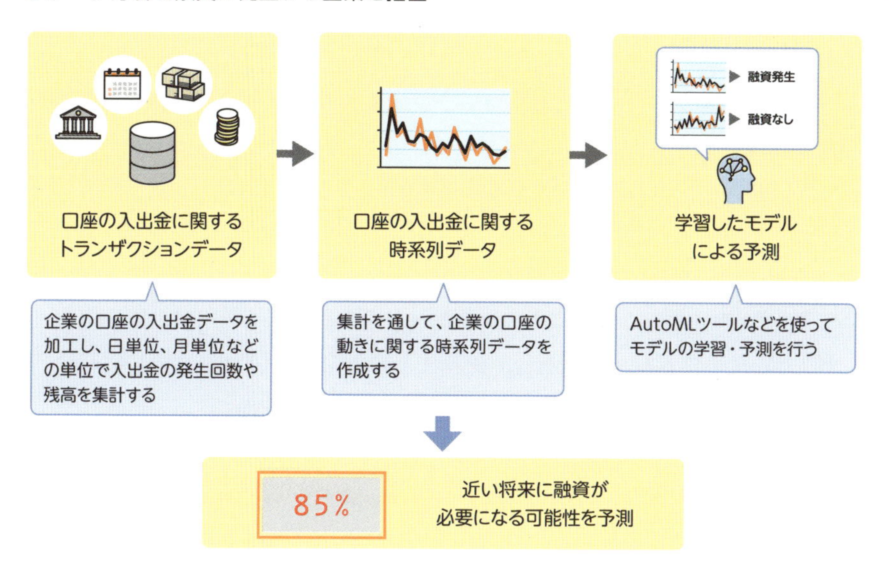

未知の関係性探索

「**未知の関係性探索の分析**」とは、大量のデータを分析することで従来気づかなかった新しい知識を獲得し、それを今後のビジネスにフィードバックするために行う分析です。これまでの現状把握や将来予測と異なる点として、関連する可能性があるデータを網羅的に探索するため扱うデータの種類が多くなる傾向にあります。

●具体例：機械の故障につながる前兆の探索

ある製造業では、製造ラインの機械に多数のセンサーを取り付けて大量のセンサーデータを取得しています。従来は、センサーデータの情報から機械が正常に動いているかどうかを監視し、故障した場合に速やかに修理に取りかかれるようにする、といった目的でセンサーデータを活用していました。

一方で、もしセンサーデータの中から、即座には故障につながらない異常や故障の前兆を発見できれば、そのタイミングから計画的に機械のメンテナンスを実施できます。メンテナンスを適切なタイミングで行えれば機械の稼働率を安定させ生産性も向上できるはずですが、これまで異常や故障の前兆の発見に取り組んだことがないため、異常や故障の前兆を見つける知識が定量的にも定性的にもわかっていませんでした。

そこで、従来取得していた**センサーデータを網羅的に分析**し、将来的に故障の原因となる異常や、故障の前兆としてどのような傾向が見られるかを探索しました。具体的には、以下のような分析を行います。

- **センサーデータの抽出と可視化**：「機械が通常の状態」と「故障が発生する少し前の状態」のセンサーデータを抽出。2つのセンサーデータを可視化（例：散布図マトリックス）して比較することで、どのセンサーのどのような変動が差異として起きているかを定性的に確認する
- **より長期の分析**：差異が確認できた一部のセンサーについて、1年間などより長い時間幅のデータを抽出して分析する。分析から、差異が故障の前兆になっているということがデータ全体を通した傾向として認められるかどうかを検証する
- **分類モデルの構築**：故障の前兆を定量的に検知するために、センサーデータを入力として、「正常時」「故障時」「故障の前兆」の3つに分類するモデルを構築する

構築した分類モデルが故障の前兆の検知に有効であると判断されれば、このモデルを使って自動的に前兆を検知するためのシステムを作り、業務の中に組み込んでいきます。

■ 前兆の探索のための網羅的な分析

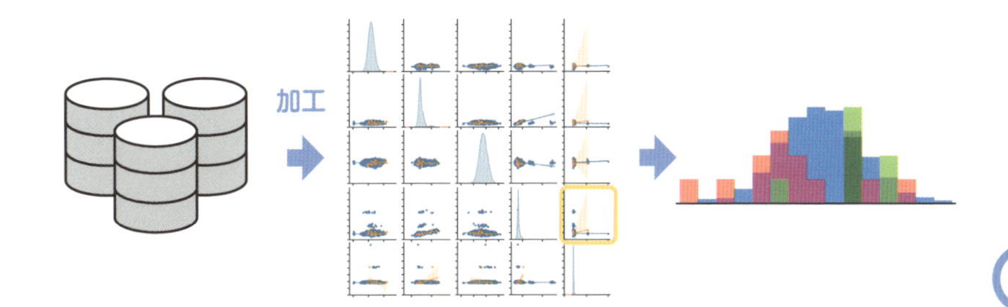

機械に取り付けた各種センサーデータ 例：「機械が通常の状態」と「故障が発生する少し前の状態」のセンサーデータ	散布図マトリックスでセンサー間の関係を可視化し、正常時と故障時の差を探索	あるセンサーが、正常時・故障前・故障時で分布に違いがあることを発見

また、この例では扱いませんでしたが、お客様アンケートの自由回答欄の回答を分析することで、回答の中にある特徴的な傾向を見出すような分析もできます。このような文章データに対するデータ分析は**自然言語処理**と呼ばれており、自然言語処理だけでもさまざまな特徴的な手法があります。

まとめ

- **データ分析の目的達成に向けて、現状把握、将来予測、未知の関係性探索の3つの分析手法について説明**
- **現状把握：現状と理想の状態のギャップを明らかにし問題点や課題を探る**
- **将来予測：時系列データの分析で、将来の傾向や状態を予測し現時点での行動へフィードバック**
- **未知の関係性探索：膨大なデータを分析することで、従来気づかなかった新しい知識を発見しビジネスにフィードバック**

32 データ分析②
数理最適化

前節で紹介した「現状把握分析」「将来予測分析」「未知の関係性探索分析」の3種類の分析のいずれにも当てはまらないデータ分析の手法として、数理最適化について紹介します。

数理最適化とは

数理最適化とは、条件や目的が数式で表現可能な状況において、条件の範囲内で目的を最大化（または最小化）するような値を求める分析手法です。

例えば、製造業における部品の仕入れについて、同じ部品を複数の仕入先から仕入れることができる状況で、できるだけ安く仕入れたい場合を想定します。このとき、以下のような条件と目的を考えることができます。

- **条件**：どの部品の仕入量も、製品を一定数生産するのに必要な数量を上回る
- **目的**：調達コストの最小化。この条件と目的をもとに、「どの部品を・どの仕入先から・いつ・どれだけの量仕入れる」を決定し、最適な調達計画を定める

この調達コストの最小化を数理最適化によって求めます。そして、求まった「どの部品を・どの仕入先から・いつ・どれだけの量仕入れるか」の値を「**最適解**」といい、最適解を将来の調達計画に反映させるなどして、ビジネス上の意思決定に活用できます。

実際には、条件の式に現れる各製品の必要生産数は、生産計画やそのベースとなる受注情報・需要予測などによって変動します。また、目的の式に現れる各部品の調達単価も日々変動することが考えられます。そのため、このような日々変動する可能性のある値をパラメータ化し、パラメータの値が変動するたびに最適解を求め、調達計画に反映できるようにツール化・システム化することが多いです。

■ 製造業の部品仕入れにおける数理最適化の例

製品の生産に関する情報

	必要生産数	部品A使用量	部品B使用量
製品A	100	3	2
製品B	150	1	5

各部品の仕入先と仕入量を数理最適化により決定したい

部品の仕入れに関する情報

	部品A単価	部品A供給可能量	部品B単価	部品B供給可能量	部品A仕入量	部品B仕入量
仕入先A	10	500	8	800	x_{AA}	x_{AB}
仕入先B	12	300	6	300	x_{BA}	x_{BB}

条件1：各部品の仕入量が、製品の生産に必要な量を充足している

$$x_{AA} + x_{BA} \geq 100 \times 3 + 150 \times 1,\ x_{AB} + x_{BB} \geq 100 \times 2 + 150 \times 5$$

条件2：仕入量が各仕入先から供給可能な量である

$$x_{AA} \leq 500,\ x_{AB} \leq 800,\ x_{BA} \leq 300,\ x_{BB} \leq 300$$

条件を満たすような仕入先と仕入量の中で、

目的：調達コスト

$$10x_{AA} + 8x_{AB} + 12x_{BA} + 6x_{BB}$$

を最小化する

目的を最大限達成するものを求める

●数理最適化と混同しやすい将来予測分析との違い

　このように数理最適化技術を活用したツールは、「パラメータの値を入力して、ツールによる分析の結果、調達計画が１つ出力される」ので、**一見すると「将来予測分析」と混同**してしまうこともありますが、それぞれが適したシーンは異なります。特に、「出力が達成するべきルール自体は簡単に数式化できるが、そのルールを満たす出力を探すことが難しいケース」では、数理最適化が適している可能性が高いです。

　また、数理最適化には「高度なアルゴリズムや数理技術が要求される」「いろいろな入力パターンに対する出力を計算し、それが本来あるべき状態をどれだけ達成しているかを評価するプロセスが必要である」といった、AIと似た特徴があります。そのため、データサイエンティストは、AI・機械学習と同様に数理最適化に関する知識・スキルが求められることもあります。

■ 数理最適化と将来予測分析の違い

	数理最適化	将来予測分析
出力が満たすべきルール	分析者が条件と目的の形式で設定する	入力と出力の組をデータとして用意し、データから事前に学習する
出力の算出方法	条件や目的に設定した数式の性質に応じて、専用のソフトウェアやアルゴリズムによって計算する（新たな入力のたびに毎回計算が必要）	学習したルールに沿って計算処理が行われる（学習が済んでいれば、比較的短時間で処理可能）
データの必要性	アルゴリズムの精度評価に必要	ルールの学習と、学習したルールの精度評価に必要
適している問題	出力が満たすべき条件が複雑だが数式化可能で、かつ出力が意思決定に直結している問題	出力が満たすべき条件の数式化は難しいが、入力と対応する出力の組がデータとして与えられている問題

まとめ

- **数理最適化は条件や目的が数式で表現可能な状況において、条件の範囲内で目的を最大化（または最小化）する値を求める分析手法**
- **一見すると「将来予測の分析」と混同してしまうが、それぞれが適したシーンは異なり使い分けが重要**

7章

データ分析の結果の評価

本章ではこれまで実施してきたデータ分析の結果を評価する方法を解説します。分類問題、回帰分析の評価指標や汎化性能の評価について代表的な手法を紹介します。また、分析に重要である信頼性、分析結果の洞察、分析の精度を向上させる評価指標の見直し方も説明し、最後にはデータ分析を評価につなげるプレゼンテーションの具体例も掲載します。

33 分析結果の正確性の評価①
回帰分析の評価指標

データ分析においては、分析結果の正確性を適切に評価する必要があります。ここでは回帰分析における主要な評価指標について解説し、それぞれの特徴や適用シーンを説明します。

回帰分析の評価指標

データ分析を使って将来の予測や未知の関係性に基づく分類を行った場合には、その予測や分類の結果がどれほど正確なのかを評価することが、ビジネスの意思決定において非常に重要です。ここから、「回帰分析」、「分類問題」と問題の種類に応じた評価方法について説明します。

まず「**回帰分析**」に対する評価方法を説明します。回帰分析の評価では、予測値($\hat{y}_i$)と実際に測定された値(y_i)との誤差を使用して分析結果の正確性を測ります。この評価に用いられる代表的な指標として、RMSE、MAE、MAPE、R^2などがあります。それぞれの指標がどのような特徴を持ち、どのような評価に適しているのかを詳しく解説します。

RMSE (Root Mean Squared Error：二乗平均平方根誤差)

RMSEは、誤差の二乗の平均を計算した上で、その平方根をとった値です。次の式で算出でき、値が小さいほど精度は高いとされます。

■ RMSEの計算式

$$RMSE = \sqrt{\frac{1}{n}\sum_{i=1}^{n}(y_i - \hat{y}_i)^2}$$

誤差が大きくなるほどペナルティが大きくなる（評価が悪くなる）ため、**予測誤差の大きさを定量的に評価したい場合**などに有効な指標として利用できます。また、外れ値が混ざっていて極端に大きな誤差が発生した場合に、その影響を受けやすいという性質があります。そのため、一部であっても大きな誤差が発生することを避けたい場合、例えばチョコレートのように、特定の時期に極端な需要が発生する商品の需要の予測を正確にしたい、などのケースの評価に使えます。

●MAE（Mean Absolute Error：平均絶対誤差）

MAEは、誤差の絶対値の平均を計算した値です。次の式で算出でき、値が小さいほど精度が高いとされます。

■MAEの計算式

$$MAE = \frac{1}{n}\sum_{i=1}^{n}|y_i - \hat{y}_i|$$

RMSEと比較して、大きな誤差が発生してもその影響を受けにくいという特性があります。そのため、**誤差の大きさの平均的な値を知りたい場合や、外れ値の影響を最小限にしたい場合**に有効な指標です。また、RMSEよりも数値の意味を直感的に理解しやすいという利点もあります。

●MAPE（Mean Absolute Percentage Error：平均絶対パーセント誤差）

MAPEは、各データ点における誤差の割合をパーセントで示した値で、次の式で算出できます。

■MAPEの計算式

$$MAPE = \frac{1}{n}\sum_{i=1}^{n}\left|\frac{y_i - \hat{y}_i}{y_i}\right| \times 100$$

予測値の誤差が、実際の値に対してどの程度の割合を占めているのかを知りたい場合に利用することができます。値がパーセンテージで表されるので直感的に理解しやすいことや、相対的な誤差を評価できるので異なるスケールのデータ間での比較に便利といった強みがあります。例えば、売上予測で、商品によって売上や予測値が大きく変動するような場合に、商品間の予測精度を比較したいケースでよく用いられます。

● R^2（決定係数）

R^2は、予測に使用したモデルの説明力を表す指標で、次の式で算出できます。ここで、$\bar{y}$はデータy_1〜y_nの平均値です。

■ R^2の計算式

$$R^2 = 1 - \frac{\sum_{i=1}^{n} (y_i - \hat{y}_i)^2}{\sum_{i=1}^{n} (y_i - \bar{y})^2}$$

モデルの説明力とは、あるモデルが、どの程度データの変動を説明できているかを示す指標です。説明力が高いモデルは、データの傾向をより正確に捉えており、新しいデータに対してもより正確な予測ができる可能性が高いです。

この説明力を評価するために広く使われているのがR^2で、ランダムと同等でまったく予測できていない場合には0に近い値をとり、予測が完璧に当たっている場合には1になります。**モデルの全体的な説明力を評価したい場合や、他のモデルとの比較を行いたい場合**に有効です。

まとめ

- **回帰分析の評価指標：予測値と実測値の誤差をもとにモデルの精度を測定する**
- **RMSE（二乗平均平方根誤差）、MAE（平均絶対誤差）、MAPE（平均絶対パーセント誤差）、R^2（決定係数）といった指標**
- **回帰モデルの評価指標を適切に選択することで、ビジネス課題に沿った適切なモデルの選定が可能になる**

34 分析結果の正確性の評価②
分類問題の評価指標

ここでは、分類問題における代表的な評価指標である、正解率・適合率・再現率・F1スコア・AUCについて、それぞれの適用シーンや特徴を詳しく説明します。

分類問題の評価指標

次に、「分類問題」の評価指標について説明します。**分類問題**では、データを事前に定めたカテゴリに分けることが目的です。分類問題の評価では、新しいデータが入力された場合に、そのデータをどれだけ正しく分類できるのかを、**正解率（Accuracy）**、**適合率（Precision）**、**再現率（Recall）**、**F1スコア**、**AUC（ROC曲線）**といった指標を利用して検証します。

これらの評価指標は**混合行列**を元にして算出できます。混合行列とは、分類結果と実際の正解との対応関係を行列形式にまとめたもので、主に2種類のカ

■ スパムメール判別システムにおける混合行列

- TP（True Positive、真陽性）：判定を正として、その判定が実際に正しい場合
- TN（True Negative、真陰性）：判定を負として、その判定が実際に正しい場合
- FP（False Positive、偽陽性）：判定は正だが、その判定が実際は誤っている場合
- FN（False Negative、偽陰性）：判定は負だが、その判定が実際は誤っている場合

テゴリ（正・負）に分類する2値分類問題で使われますが、多値分類にも応用できます。

例えば、あるメールがスパムメールかどうかを判定する問題について考えます。スパムメールだと判定し、それが本当にスパムメールであった場合には「TP」となります。通常のメール（スパムメールではない）と判定したものの、実際にはスパムメールだった場合には「FN」となります。

分類の正確性を評価するための各指標は、この混合行列を使って算出できます。それぞれの指標の算出方法やその特徴を解説します。

●正解率（Accuracy）

正解率は、判定結果全体が実際のカテゴリにどれくらい一致しているかを表す指標で、次の式で求められます。

■ 正解率の計算式

$$\text{正解率} = \frac{TP+TN}{TP+TN+FP+FN}$$

正解率は、**カテゴリがデータ全体で比較的均一な場合には有効ですが、カテゴリに偏りがある場合には指標として使うことができない**という注意点があります。例えば、全体の100件中の99件が「正」なデータセットでは、すべてのデータを無条件に「正」と分類した場合でも、正解率は99%と一見高い数値になってしまいます。

●適合率（Precision）

適合率は、正と判定した結果のうち、どれくらいが実際のカテゴリ（正）と一致しているかを表す指標で、次の式で求められます。

■ 適合率の計算式

$$\text{適合率} = \frac{TP}{TP+FP}$$

適合率は、FP（偽陽性）が少ないほど高くなる性質を持っています。そのため、スパムメール判定のように、**誤って「正（＝スパムメール）」（偽陽性：FP）と**

判断してしまうことを減らしたいユースケースで特に重要な指標になります。

●再現率（Recall）

再現率は、実際のカテゴリが正であるデータの中から、どれくらいのデータを正と判定できたかを表す指標で、次の式で求められます。

■再現率の計算式

$$再現率 = \frac{TP}{TP+FN}$$

再現率は、FN（偽陰性）が少ないほど高くなる性質を持っています。そのため、医療診断における病気の検出のように、**できるだけ見逃しを減らしたいようなユースケース**で特に重要な指標になります。

●F1スコア

適合率と再現率はトレードオフの関係にあるため、両方のニーズを同時に満たすことはできません。例えば、適合率を高めるためにFP（偽陽性）を減らそうとすると、「負」と判定されるデータを増やす必要があり、FN（偽陰性）が増えることで再現率は低下してしまいます。そこで、この2つの値の**バランスを取りたいときに使う指標**としてF1スコアがあります。F1スコアは次の式で求められます。

■F1スコアの計算式

$$F1スコア = 2 \times \frac{適合率 \times 再現率}{適合率 + 再現率}$$

適合率と再現率のどちらか一方だけが高い場合でも、F1スコアを用いることで適切に評価できます。

●AUC（ROC曲線）

分類問題のほとんどの手法では、各データが正である可能性を確率の形式で表現し、その確率が一定のしきい値よりも高いときに正と判定する、というプロセスで判定を行っています。そのため、混合行列を用いた指標では、事前に分類のためのしきい値を決めておく必要があります。

それに対して、しきい値を決めずに、各データが正である確率の数値そのものを利用して性能を評価する方法として「**AUC（Area Under the Curve）**」があります。AUCを求めるには、まず「**ROC曲線**」を求めます。ROC曲線は、縦軸にTPR（True Positive Rate：実際に正であるものの中で正と予測できた割合、再現率と同じ）、横軸にFPR（False Positive Rate：実際に負であるものの中で誤って正と予測した割合）を取ったグラフに対して、しきい値を変化させたときのTPRとFPRの関係を示した曲線です。

■ TPRの計算式

$$TPR = \frac{TP}{TP + FN}$$

■ FPRの計算式

$$FPR = \frac{FP}{FP + TN}$$

しきい値を変えればTPR、FPRの値の組み合わせは変わるので、これをグラフに描くと次のような曲線になります。これがROC曲線で、この曲線の下の部分の面積を「AUC」と呼びます。

■ ROC曲線とAUC

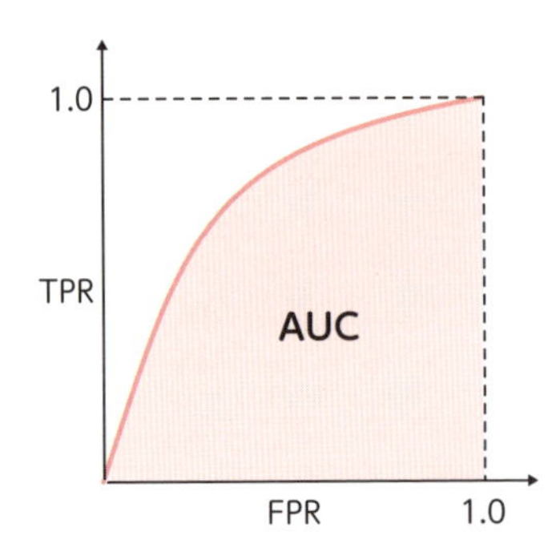

正と負をきれいに分類できていればAUCは1に近づき、ランダムに分類しただけだとAUCは0.5になります。AUCによる精度評価の一般的な判断基準

は以下の通りです。

- **0.5**：ランダム分類と同等
- **0.5〜0.6**：低精度
- **0.7〜0.8**：良い精度
- **0.9以上**：高精度

したがって、通常のデータ分析であればAUC 0.7以上を、より厳密な正確さが求められるケースであれば0.9以上を目指すことが多いです。AUCはしきい値の選択に依存しない指標のため、**分類モデルの精度を総合的に評価するのに適しています**。

まとめ

- **分類問題の評価指標：モデルがどれだけ正確にデータを分類できるかを測定するために、混合行列（TP、TN、FP、FN）を基に評価指標を算出**
- **正解率（Accuracy）、適合率（Precision）、再現率（Recall）、F1スコア、AUC（ROC曲線）といった指標**
- **分類問題の評価指標を適切に理解し、目的に応じた評価を行うことで、より信頼性の高いデータ分析を実現できる**

35 分析結果の正確性の評価③ モデルの汎化性能の評価

分析結果を評価する際には、学習データに対する適合度だけでなく、未知のデータに対する汎化性能も重要です。AICやBICといった汎化性能の評価指標に加え、交差検証（クロスバリデーション）を用いた実践的な評価手法について解説します。

モデルの汎化性能の評価

データ分析モデルが、未知のデータに対する予測や分類にどれだけ有効かを示す指標を**汎化性能**と呼びます。汎化性能を高めることで、すでに計測したデータだけでなく、新たに入力するデータに対しても同じモデルを使って精度の高い予測や分類が可能になります。

汎化性能を表す指標としては**AIC**や**BIC**があります。また、汎化性能の評価では、**交差検証**と呼ばれる手法がよく使われます。

AICとBIC

AIC（Akaike Information Criterion: 赤池情報量規準）とBIC（Bayesian Information Criterion: ベイズ情報量規準）は、**データ分析モデルの複雑さと適合度のバランスを評価する指標**です。

一般的に、データ分析のモデルはパラメータが多いほど複雑になります。複雑なモデルは、学習データに過度に適合しやすく、未知のデータに対しては性能が低下するリスクがあります。この状態を**過学習**と呼びます。適合度は、モデルがどれだけ学習データに適合しているかを示す値で、適合度が高ければ高いほど学習データに対して良い予測ができる可能性が高いですが、過学習のリスクも高まります。

つまり、適合度を上げた方が予測の精度は上がるものの、それが行き過ぎて過学習の状態になると、未知のデータに対応できなくなるので、そのバランスを保つのが重要だということです。AICやBICは、このバランスを数値化したものて、一般的には値が小さいほど汎化性能が高いとされています。

■ AICやBIC～特徴の違いやメリット

AICとBIC ～特徴の違いとそれぞれのメリット

指標	特徴	メリット
AIC	パラメータ数に比例して ペナルティが増える	適合度が良い汎用的な モデルを選択しやすい
BIC	データ数が増えると ペナルティが増える	データ数が多い場合に 過学習を防ぎやすい

AICは次の式で算出できます。

■ AICの計算式

$$AIC = 2k - 2\log(L)$$

- k: モデルのパラメータ数（自由度）
- L: 尤度関数（モデルがデータを説明する確率の指標）

この式のうち、$-2\log(L)$はモデルの適合度を表しており、小さいほど適合度が良いとされます。$2k$はペナルティと呼ばれ、たとえ適合度が良くてもペナルティが大きければAICは増加してしまいます。**AICは、線形回帰モデルによる分析で、多数ある特徴量からノイズになっている特徴量を取り除いたモデルを構築したいとき**によく利用されます。

BICは次の式で算出できます。

■ BICの計算式

$$BIC = k\log(n) - 2\log(L)$$

- k: モデルのパラメータ数（自由度）
- n: データのサンプル数
- L: 尤度関数（モデルがデータを説明する確率の指標）

AICと同様に、$-2\log(L)$はモデルの適合度を表します。ペナルティ項は$k\log(n)$で、パラメータ数kだけでなくデータ数nがペナルティに関連している点がAICと異なります。BICでは、データ数が増えると、複雑なモデルに対してペナルティ値が大きくなる性質があります。**BICは線形回帰モデルによる分析で、多数ある特徴量から真に有効な特徴量だけを選択したモデルを構築したいとき**によく利用されます。

モデルの汎化性能を評価する上で、AICとBICはいずれも過学習を防ぐ指標として使用できますが、データ数が多い場合にはBICの方がより過学習を防ぐ効果が大きいという特徴があります。AICとBICを適切に使い分けることで、過学習を防ぎつつ、最適なモデルを選択することができます。

交差検証（クロスバリデーション）

交差検証は、モデルの汎化性能を評価する一般的な手法です。AICやBICは、尤度関数という確率を用いた計算式が登場するため、確率や統計モデルをベースとした分析手法に対してのみ汎化性能を評価できます。一方、交差検証は、実際のデータだけを使って汎化性能を測るため、**機械学習をベースとした分析手法に対しても汎化性能を評価できる**点が大きな特徴です。具体的には、次の手順によって性能を評価します。

■ 交差検証の流れ

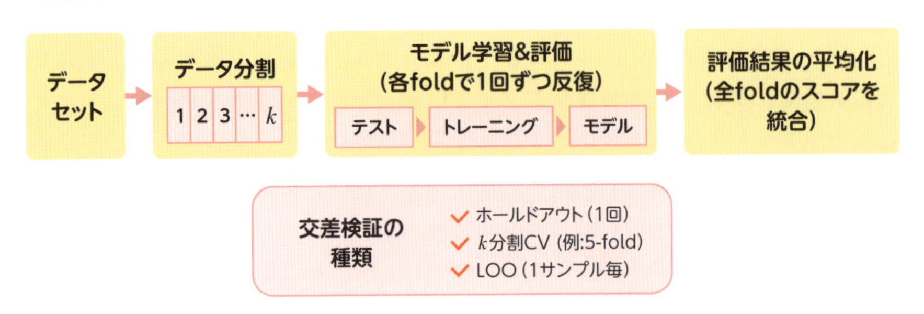

- **データ分割**：データを複数に分割する。それぞれのデータの塊を**fold**と呼ぶ
- **モデル学習と評価**：1つのfoldをテストデータとする。そして、残りのfoldを学習データとしてモデルを学習し、テストデータに対して予測を行う。こ

れを、全foldに対して実施する
- **評価結果の平均化**：各foldでの予測結果を何らかの指標で評価し、その平均値をモデル全体の性能とする

交差検証には主に次のような種類があります。

- **ホールドアウト法**：データをテストデータと学習データの2種類に分けて予測を行い評価する（モデルの学習は1回のみ）
- **k分割交差検証**：データをk個のfoldに分割し、各foldが1回ずつテストデータとなるようにk回評価を行う（kは任意の数）
- **Leave-One-Out（LOO）**：1つのデータをテスト用にし、残りを学習用にする（1つのデータを1つのfoldとする）

交差検証は汎化性能を評価する方法として、どのような分析に対してもよく用いられますが、特に医療診断などの統計的な分析が行いにくいプロジェクトで、収集したデータの中で汎化性能を評価する必要がある際に有効です。一般的に、k分割交差検証はデータ数が多いときに、LOOはデータが少ないときに特に使います。ホールドアウト法はデータの分け方で評価が変わる可能性があるため、一般的にはk分割交差検証やLOOの方が有効です。

まとめ

- **汎化性能：未知のデータに対してどれだけ正確な予測ができるかを示す指標。過学習を防ぎ、モデルの適切な選択に役立つ**
- **統計モデルではAIC（赤池情報量規準）やBIC（ベイズ情報量規準）を、機械学習モデルでは交差検証（クロスバリデーション）を使う**
- **適切な指標と手法を用いることで、過学習を抑えつつ、実用的なデータ分析モデルを構築することが可能になる**

36 分析結果の信頼性の評価

データ分析の結果を意思決定に活用するためには、「正確性」だけでなく「信頼性」の評価も重要です。ここでは、統計的有意性の検証とデータ品質の評価を通じて、分析結果の信頼性を高める方法について解説します。

分析結果の評価には「信頼性」も重要

データ分析の結果をビジネスの意思決定につなげるためには、予測や分類の「正確性」だけでなく、「信頼性」の評価も非常に重要です。

- **正確性**：分析結果が実際の値や真の値にどれだけ近いかを示す
- **信頼性**：同じ条件で繰り返し分析を行った場合に、一貫した結果が得られるかどうかを示す

正確性が高くても、たまたま一度だけ正しい結果が出た場合は信頼性が高いとはいえません。逆に、毎回同じ結果が出ても、その値が実際の正しい値から大きくずれていれば、信頼性は高いものの正確性は低いということになります。したがって、正確性と信頼性の両方が確保されて初めて、ビジネスにとって信頼できる分析結果といえるのです。

■ 分析結果の信頼性評価のアプローチ

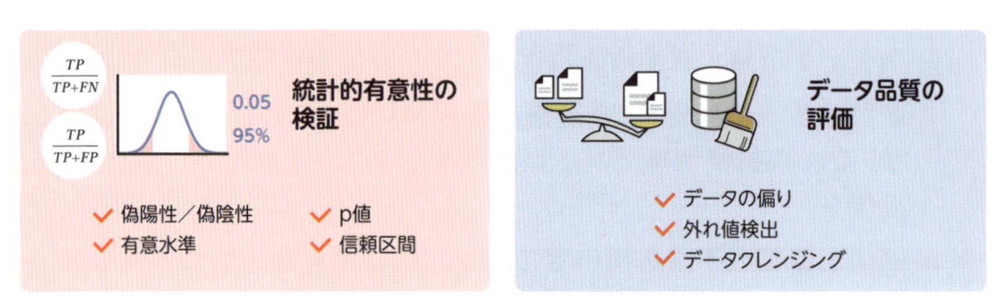

✔ 正確性だけではなく、信頼性が重要
✔ 統計的検証とデータ品質の両面から評価

信頼性の評価では、主に**統計的有意性の検証**と**データの品質評価**の２つの側面からアプローチします。

統計的有意性の評価

統計的有意性とは、データ分析によって得られた結果が偶然によるものではなく、実際に意味がある差や関係性を示しているかどうかを判断するための指標です。第3章「12 データ間の差を比較する分析手法」でも一部紹介したものもありますが、以下は分析結果の信頼性を評価する際によく使用されます。

- **第１種の過誤（偽陽性）と第２種の過誤（偽陰性）**
- **p値（p-value）**
- **有意水準（Significance Level）**
- **信頼区間（Confidence Interval）**

●第１種の過誤（偽陽性）と第２種の過誤（偽陰性）

第3章「12 データ間の差を比較する分析手法」でも説明しましたが、統計的仮説検定では、**第１種の過誤**と**第２種の過誤**という２つの誤り（過誤）が発生する可能性があります。いわゆる誤判定、見逃しのリスクです。

- **第１種の過誤（偽陽性）**：実際には差や関係性がないのに、分析結果から誤って「差や関係性がある」と結論付けてしまうことを指す。いわゆる誤判定
- **第２種の過誤（偽陰性）**：実際には差や関係性があるのに、誤って「差や関係性がない」と結論付けてしまうことを指す。いわゆる見逃し

例えば医療分野で新薬の効果を分析した際に、実際には効果がないのに誤って「効果あり」と判定してしまうのが第１種の過誤です。逆に、実際には効果がある薬を「効果なし」と判定しまうのが第２種の過誤です。他にも過誤の例を業種別に挙げると以下があります。

■ 第1種の過誤（偽陽性）と第2種の過誤（偽陰性）の業種別例

業種	第1種の過誤（偽陽性）	第2種の過誤（偽陰性）	対策の例
製造業：製品の品質検査	実際には問題がないのに誤って不良品と判定してしまう	実際に不良がある製品を良品と判定してしまう	工程検査で多段階の検証を行い、検査閾値を最適化することで、製品の不良判定の誤検出（偽陽性）や見逃し（偽陰性）を低減する
金融業：企業の信用リスク評価	実際にはリスクが低いのに誤って高リスクと判定してしまう	実際にはリスクが高い企業を低リスクと判定してしまう	リスク評価モデルで、統計的有意水準や信頼区間の適切な設定、シナリオ分析を活用し、リスクの過大評価や見逃しを防止する
マーケティング：A/Bテストで広告効果評価	実際には効果がないのに誤って効果ありと判定してしまう	実際には効果がある場合でも効果なしと判定してしまう	A/Bテストで十分なサンプル数と適切な有意水準を設定し、キャンペーン効果の誤認（偽陽性／偽陰性）を防ぐ
環境モニタリング：センサーによる大気汚染の監視	実際には汚染がないのに誤って汚染ありと判定してしまう	実際に汚染が発生しているにもかかわらず、汚染なしと判定してしまう	複数センサーによる重複測定や定期的な再評価で、偶発的な誤作動（偽陽性）や実際の異常の見逃し（偽陰性）を防止する

これらの過誤は、統計的仮説検定の仕組み上、どうしても一定の確率で発生する可能性があり、**ゼロにはできません**。とはいえ、データ分析ではこれらの過誤のリスクをできるだけ小さくすることが重要です。

●p値（p-value）

p値は、「差や関係性がないという仮定」のもとで、分析結果と少なくとも同じかそれ以上に極端な結果が得られる確率です。なお、このときの「差や関係性がないという仮定」のことを**帰無仮説**と呼び、主に仮説を否定したい場合に使用されます（反対の仮説は**対立仮説**）。

- **p値が小さい**：偶然によりその結果が生じる可能性が低いため、帰無仮説を棄却し、分析結果に統計的な意味があると判断する
- **p値が大きい**：偶然による結果の可能性が高く、帰無仮説は棄却せず、統計的に有意な結果とはいえない

p値に対する一般的な判断基準は次の通りです。帰無仮説を棄却するかどうかの基準を**有意水準**といい、後述します。

p値	解釈
0.01未満	統計的に有意である可能性が非常に高い（偶然の可能性が1%未満）
0.05未満	統計的に有意である可能性が高い（偶然の可能性が5%未満）
0.05以上	統計的に有意ではない可能性が高い（偶然の可能性が高い）

●有意水準 (Significance Level)

有意水準は、第1種の過誤をどこまで許容するかを表すしきい値です。p値が有意水準を下回った場合には、帰無仮説（差や関係性がないという仮定）を棄却して、分析結果が統計的に意味のあるものだと結論付けます。

有意水準としてよく使われる**しきい値**は0.05で、この場合、p値が0.05未満の場合は帰無仮説を棄却します。有意水準の設定を変えると、第1種の過誤および第2種の過誤が発生する可能性も変動します。有意水準を小さくすれば、第1種の過誤は減りますが、第2種の過誤は増える**トレードオフの関係**にあるので、全体のバランスを考慮して適切に有意水準を調整することが重要です。

■ 有意水準のイメージ

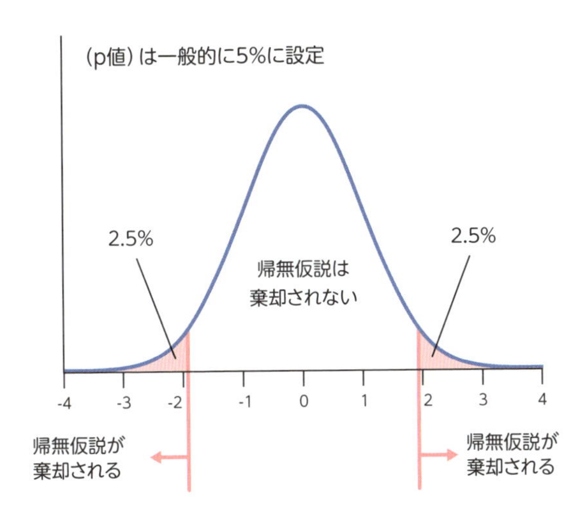

●信頼区間（Confidence Interval）

信頼区間とは、ある推定値が正しい値を含んでいると考えられる範囲です。例えば「95%信頼区間」は、正しい値がこの範囲に含まれているような区間である確率が95%であることを意味します。**信頼区間の範囲が狭いほど、推定値の精度が高い**といえます。

データの品質評価

統計的有意性が確認できたとしても、使用したデータに偏りや外れ値があると、誤った結論を導いてしまう可能性があります。そのため、**データ分析結果の信頼性の検証では、データそのものの品質を評価することも重要**です。

例えば、アンケート調査で特定の層の回答だけが極端に多いケースや、成功例のデータだけを集めて失敗例を考慮していないケースのように、データ自体に偏りがあると、分析結果が特定の方向にずれる可能性が高くなります。また、自然災害などの突発的な出来事が発生した場合などは、それがデータに影響して外れ値が増えるため注意が必要です。

■ データの偏りが分析結果の精度に影響を及ぼす例

業種・プロジェクトの事例	偏りの内容	影響と対策
生活実態把握：対象地域の年収分布の分析	極端な高所得者のデータが含まれている	高所得者が平均値を引き上げ、実態を正確に反映できない。対策として、極端な高所得者を除外するか中央値を用いる
製品評価：顧客満足度調査	満足している顧客のみが回答し、不満点が収集されにくい	実際の不満が過小評価され、改善が遅れる。対策として、無回答者や否定的意見の収集方法を工夫する
政治意識調査：国民の政治参加意識のアンケート調査	政治に関心の高い層のみが回答し、全体像が偏る	一部の意見に偏った結果となり、全体像が誤認される。対策として、無作為抽出や層別サンプリングを実施する
Webサイトのアクセス解析	ボットや不正アクセスが混入している	実際のユーザー行動が歪められ、施策判断を誤るリスクがある。対策として、ボットの識別・除外処理を行う
臨床試験：新薬の効果検証のための患者データの解析	新薬と偽薬の振り分けが特定の年齢層や性別に偏っている	治療効果の一般化が困難になる。対策として、対象群のバランスを確保し、層別解析を実施する

もしデータの品質が低い場合には、不適切なデータを修正・除外することで品質を高める必要があります。データ品質の確認方法や、修正の方法などについては、第6章「27 データの確認」「28 データの加工①データの形式を揃える」「29 データの加工②データクレンジング」「30 データの加工③データ構造の加工」を参照してください。

7
データ分析の結果の評価

まとめ

- **統計的有意性の評価にはp値・有意水準・信頼区間を活用する**
- **データの偏りや外れ値を確認し、データの品質を確保する**

37 分析結果の洞察

データ分析の結果を活用するには、特異点・相違点・傾向性・関連性を把握し、有益な洞察を導くことが重要です。ここでは、それぞれの特徴を解説し、可視化を活用した発見方法も紹介します。

洞察に有効な特異点、相違点、傾向性、関連性

分析結果の評価が完了したら、続いて、データからビジネス上の意思決定に役立つ有益な洞察を引き出す必要があります。具体的には、分析結果全体を俯瞰して特異点や相違点、傾向性、関連性などを特定し、それぞれの要素にどのような意味があるのかを洞察します。ここでは、売上データ、顧客満足度、品質検査の3つの分析のケースについて、**特異点、相違点、傾向性、関連性**のそれぞれの例を紹介します。

■ 洞察に有効な特異点、相違点、傾向性、関連性

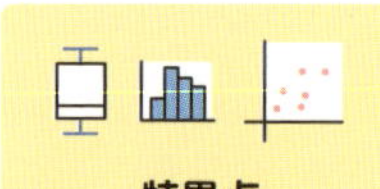

特異点
- 例：店舗売上急増
- 例：レビュー低下

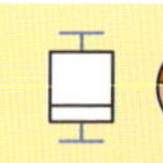

相違点
- 例：地域別売上
- 例：年代別満足度

傾向性
- 例：季節性売上
- 例：改善傾向

関連性
- 例：温度×売上
- 例：応答時間×満足度

●特異点の例

特異点とは、**他のデータとは大きく異なる値やパターンを示す部分**です。特異点を把握することで、ビジネス上の重要なシグナルの発見につながる可能性があります。特異点が発生する原因として、データの入力ミスや例外的な事象である可能性もありますが、再現性がありビジネスに利用可能な事象である可能性も考えられます。特異点が発見された場合には、その原因を調査して、それが単なるデータの誤りや偶発的なものなのか、それともビジネス施策に利用できる事象が発生しているのかを見極めることが重要です。

分析対象	特異点の例
売上データ	ある店舗の1日の売上が通常の10倍に急増した
顧客満足度	ある商品のレビューが通常は4.0前後なのに、特定の週だけ1.0に低下
品質検査	製品の不良率が通常は0.5%なのに、ある日の検査だけ10%になった

●相違点の例

相違点は、地域別、期間別、製品カテゴリ別など**グループごとに確認した際に見える違い**です。これにより、地域別の施策、ターゲット顧客ごとのマーケティング、製造プロセスの改善など、具体的なビジネス戦略に結びつけることが可能です。

分析対象	相違点の例
売上データ	関東地域の売上が前年比+10%で好調なのに対し、関西地域は前年比-5%
顧客満足度	20代の顧客の満足度が4.5である一方、50代は3.8で低迷
品質検査	Aラインの合格率が99%なのに対し、Bラインは95%と低い

●傾向性の例

傾向性は、季節性や長期的な増減パターンなど、**時間軸に沿った変動を示す特徴**です。これを把握することで、将来の予測や戦略立案に役立てることができます。例えば、季節性の影響を考慮した在庫管理、サービス改善の評価、品質の長期的なモニタリングなどの施策につながります。

分析対象	傾向性の例
売上データ	夏場に清涼飲料水の売上が増加し、冬場に減少する
顧客満足度	サポート改善後、半年間で満足度が4.0から4.5に上昇
品質検査	新プロセス導入後、合格率が徐々に改善している

●関連性の例

関連性とは、**2つ以上のデータの間にある何らかの関係**を指します。関連性を発見できれば、売上の要因を分析したり、サービスや品質の改善のヒントを得たりすることができます。

分析対象	関連性の例
売上データ	気温が高いほどアイスクリームの売上が増加する
顧客満足度	サポートの応対時間が短いほど顧客満足度が高くなる
品質検査	機械の稼働時間が長いほど不良率が上がる

可視化による特性の発見

第6章「27 データの確認」でデータの特性を理解するための可視化手法について解説しましたが、分析結果の洞察でも同じように可視化が極めて有効です。**可視化を行うことで、分析結果の特性を直感的に把握**することができるようになります。

特異点、相違点、傾向性、関連性を見つけ出すために活用できる主な可視化手法としては次のものがあります。

分類	主な可視化手法	よく使用される事例
特異点	ヒストグラム、箱ひげ図、散布図	特殊なパターンの検出 例：製造工程での異常品の早期発見、金融データでのリスク指標の極端値検出など
相違性	箱ひげ図、円グラフ	グループ間の分布比較 例：地域別の売上構成比、顧客層ごとの購買割合の比較など
傾向性	折れ線グラフ、ヒートマップ	時系列データの変化やトレンド分析 例: 季節ごとの売上推移、長期的な株価や消費動向の変化など
関連性	散布図、相関行列、散布図マトリックス	複数変数間の関係性把握 例: 広告費と売上の関係、複数センサーのような多変量データにおける変数間の相関パターンの視覚化など

まとめ

- **分析結果を深掘りして、特異点・相違点・傾向性・関連性を特定する**
- **可視化手法（散布図・ヒストグラム・折れ線グラフなど）で分析結果の特性を直感的に把握する**

38 分析結果のビジネス上の意味を捉える

データ分析結果をビジネスに活用するには、相関関係と因果関係を正しく区別し、ドメイン知識を活用することが重要です。ここでは、誤った結論を避けるためのポイントと、業界ごとの具体的な活用例を解説します。

重要な2つのポイント

データ分析結果に対する洞察が得られたら、次にそれをどのようにビジネス上の意味として捉えるかが重要になります。単に事象を把握するだけでなく、その**要因を考え、実際のビジネスの戦略や施策に反映させる**ことが、データ分析プロジェクトの最終的な目的だからです。

そのためには、特に次の2つの重要なポイントを押さえる必要があります。

- **相関関係と因果関係を区別し、誤った結論を避ける**
- **ドメイン知識（専門知識）を活用して、分析結果をビジネスの文脈で解釈する**

相関関係と因果関係の区別

- **相関関係**：2つの特徴量の間に何らかの関連性があること（例：身長が高いほど体重が重い傾向がある）。
- **因果関係**：相関関係のうち、片方が原因となってもう片方が結果を引き起こす関係（例：気温が上がるとアイスクリームの売上が増える）。

第3章「13 データ間の因果関係を明らかにする分析手法」でも説明しましたが、**相関関係はすべて因果関係になるとは限りません**。アイスクリームの売上と熱中症の患者数の例を紹介しましたが、もし仮にですが、2つに因果関係があるように誤解してしまったとすると、「熱中症患者を減らすにはアイスクリームを売らなければ良い」という結論になってしまいます。このように、因果関係の誤認は誤った施策につながる危険性があります。

相関関係と因果関係の誤認を避けるためには、次のような点に注意してデータの関連性を見極めることが大切です。

- 2つのデータの両方に影響を与える、**第3の要因**が存在する可能性を考慮する
- AがBの原因なのではなく、BがAの原因となっているような、**逆の因果関係**の可能性を検討する
- 2つのデータが**偶然**同時に変動している可能性も考慮する

因果関係を明確にするための代表的な検証手法としては、**ランダム化比較試験**や**傾向スコアマッチング**などがあります。また、機械学習のアルゴリズムを用いて、複雑な因果関係を推定する手法もあります。

■ 相関関係と因果関係の区別

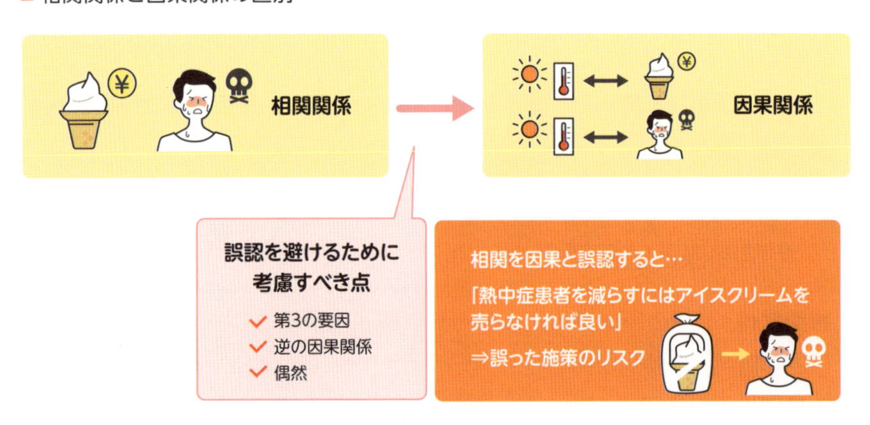

ドメイン知識の活用

データ分析結果を正しく解釈し、ビジネス戦略に結びつけるためには、業界特有のドメイン知識（専門知識）を活用することが不可欠です。**ドメイン知識**とは、分析対象の業界や分野に関する深い知識や経験のことです。例えば、あ

る商品の売上データに関する分析結果を正しく理解するためには、小売業の知識や、その商品が属する分野の知識、顧客の購買行動に関する知識などを関連付けて洞察することが求められます。その上で、売上に関連する因果関係を見つけ、次の施策の参考にする必要があります。

以下は、ドメイン知識を活用した具体例です。

業界	分析結果の例	ドメイン知識を活用した解釈例	ビジネス施策の例
小売業	既存商品の売上が減少している	新商品が既存商品の機能を代替している可能性がある	・既存商品のサポート体制の見直し ・新機能を搭載した新商品の企画
サービス業	特定の顧客層の満足度が低下している	対象顧客層のニーズや期待値が変化しており、現状のサービスが追いついていない	・顧客ニーズの再調査 ・顧客層別にカスタマイズしたサービスの提供
製造業	特定の工程で不良品の発生が多い	当該工程を長年担当していた作業員が退職し、代わりの作業員の作業レベルが低いことが原因になっている	・人材育成による作業レベル向上 ・作業のマニュアル化による属人化の排除
製造業	特定の地域の工場で機械の故障が多い	工業用水の水質が機械の故障に影響している可能性がある	・水質を考慮に加えた再調査 ・水質改善のための設備の導入

まとめ

- 相関関係と因果関係を区別し、誤った意思決定を防ぐ
- ドメイン知識を活用し、業界特有の要因を考慮して分析結果を解釈する

39 分析の改善・見直し①
データの改善

データ分析の精度を向上させるには、使用するデータ、適用する分析手法、評価指標を適切に見直すことが不可欠です。ここでは、データの改善に向けた具体的な施策を解説します。

分析は必ず改善や見直しを検討

データ分析の結果からビジネス上の有益な知識（洞察）を見出そうとしても、一度の分析の実施では十分な結果が得られない場合が多々あります。そのような場合には、分析結果に影響するさまざまな要素を調整し、繰り返し分析を実施することが重要です。ここでは、よくある分析結果の精度が上がらないケースを挙げながら、**使用するデータ**、**適用する分析手法**、**評価指標**という3つの要素に関する改善や見直しの方法を解説します。

データの改善

■ 分析の改善・見直し～①データの改善

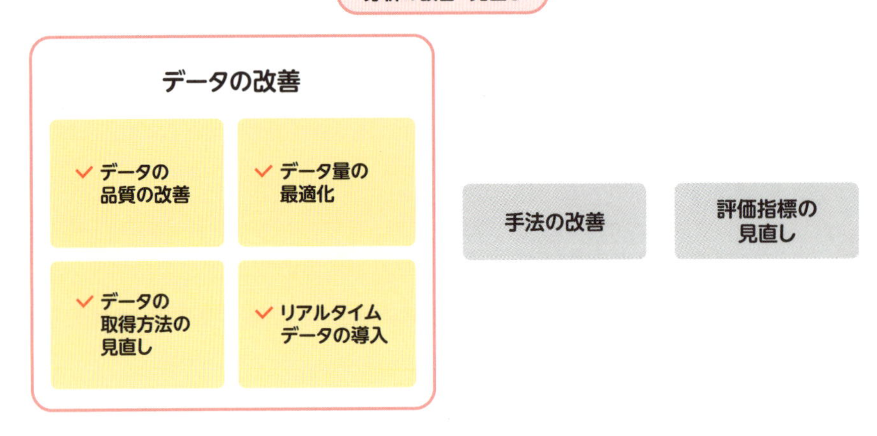

分析の精度と信頼性を向上させるためには、使用するデータの見直しと改善が不可欠です。具体的な方法としては、**データの品質の改善、データ量の最適化、データの取得方法の見直し、リアルタイムデータの導入**といった施策が考えられます。

データについては分析の実施前にも確認していますが（第6章「27 データの確認」参照）、それでも実際に分析を行ってみると期待通りの結果にならないケースがよくあります。多くは以下のような場合が該当するため、さまざまな可能性を考慮しつつ、もう一度データの中身を確認し直すのが賢明です。

- データのチェック方法が適切でなかった
- 外れ値を検出する際のしきい値を見誤っていた
- 分析に必要なデータ量の見積もりが甘かった
- データの取得時期や取得期間が適切でなかった

●データの品質の改善

データの品質は、分析の精度に大きく影響する要素の1つです。データの品質を見直す際には、特に次の点に注意する必要があります。

- **正確性**：入力ミス、欠損値、信頼できるデータソースの利用、外れ値の適切な検出
- **一貫性**：同じデータが異なる形式で存在したり矛盾したりしていないかの確認
- **最新性**：最新の状態で管理され、古いデータと混在していないかのチェック

データの品質は、**クレンジングをやり直すことで改善できる可能性があります**。その場合、データの性質やビジネス面の事情などを考慮に入れて、クレンジングの基準やしきい値を調整することが重要です。

品質を改善するために、データを取得し直さなければならないケースも少なくありません。その場合には、品質の基準を明確に規定し、それを満たすことができるように取得方法を再検討しましょう。例えば、人間が手入力するデータであれば入力チェックを強化したり、センサーデータであれば機材の性能を

確認したりするなどの対策が必要です。

●データ量の最適化

単純にサンプルとなるデータ量が足りていないために分析の精度が上がらないというケースも少なくありません。その場合、データの取得期間を延長してデータの量やバリエーションを増加させたり、これまで利用していなかった外部機関のデータソースを活用して特徴量を追加したりすることを検討します。これによって、より多角的な分析が可能になり、分析の精度向上につながる可能性があります。

ただし、ただ闇雲にデータを増やせば良いというわけではありません。分析の精度を上げるためにどのようなデータが足りないのかをよく検証し、**目的に合ったデータを適切な方法で収集することが重要**です。

●データの取得方法の見直し

データの品質や量に問題がある場合、再取得する前に、取得方法を見直す必要がないかを検討しましょう。データの取得方法に応じて、以下の見直しの手段が考えられます。

データの取得方法	見直しの例
手動での入力	タイプミスや変換ミスなどが発生しにくいように、入力時のバリデーション（入力チェック）を強化
業務システムやデータベース、API	対象期間や取得頻度などのパラメータや、取得する項目が適切であったかを検証
アンケートやインタビュー	設問が適切かどうかを確認。データや回答者の属性に偏りがないか、偏りを生む加工や抽出がないかもあわせてチェック
WebサイトやSNSからの自動取得	対象としているWebサイトやサービスが、分析の目的に合致しているかどうか確認。データの偏り、偏りを生む加工や抽出がないかもあわせてチェック

●リアルタイムデータの導入

もしデータの**最新性が十分でない場合**には、リアルタイムデータの導入も検討しましょう。例えばECサイトの購買データや、金融取引情報、センサーデータ、システムのログデータなどは、リアルタイムで取得して分析に反映させることによって、常に最新の状況を把握し、迅速な意思決定につなげることができるようになります。

■ データ改善の主な施策

データの品質の改善

- 正確性（入力ミス、欠損値、外れ値の検出）
- 一貫性（データ形式や記録方法の統一）
- 最新性（古いデータとの混在を防ぐ）

データ量の最適化

- サンプル数の充実
- 不要データの除去

データの取得方法の見直し

- 取得方法やパラメータの調整

リアルタイムデータの導入

- 最新の状態を反映

まとめ

- データの品質を改善し、正確性・一貫性・最新性を確保する
- データ量を最適化し、分析の精度向上に必要な情報を適切に追加する
- 取得方法を見直し、リアルタイムデータの活用なども検討する

40 分析の改善・見直し②
手法の改善

次に、分析に使用する手法やアルゴリズムを改善することで、より精度の高い結果を得られる可能性もあります。

データの特性に適した手法への切り替え

現在使用している手法がデータの構造や特性に合っておらず、分析結果の精度が上がらないというケースが考えられます。この場合、適切な手法に変更することでデータの持つ特徴をより正確に捉えられるようになります。分析の実施前の段階でも分析手法が適切か？という検証は行っているはずですが、**実際にデータを分析してみると手法がうまく当てはまらない**ことはしばしば起こります。

例えば、データの関係性を明らかにする分析では線形回帰を最初に使用することが多いですが、実際にはデータ間の関係が非線形であるために、線形回帰では期待する精度にならないことがあります。その場合は、線形回帰ではなく、決定木やランダムフォレストなどの手法への切り替えを検討します。

■ 分析の改善・見直し～②手法の改善

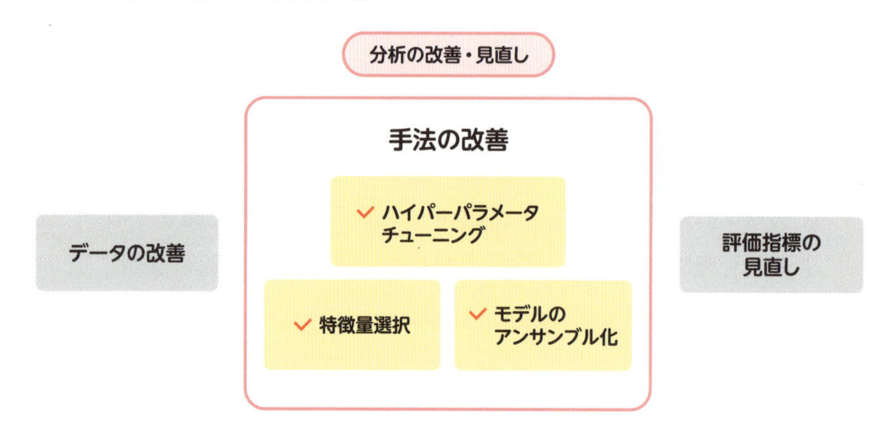

より高度なアルゴリズムへの変更

同種の分析手法でも、より高度な手法へ切り替えることで、データの複雑な傾向を捉えることができるようになり、精度向上が期待できます。例えば回帰分析であれば、線形回帰から、複数の特徴量に対応した**重回帰分析**や、重回帰分析を拡張した**リッジ回帰**などへの変更を検討します。さらに、非線形の特徴を捉えることができる**決定木**や**ランダムフォレスト**の使用も検討します。クラスタリングであれば、**k-means法**から、**階層的クラスタリング**や**DBSCAN（Density-Based Spatial Clustering of Applications with Noise）**といった手法への変更を検討します。

以下は、各分析の種類ごとに基本手法とより高度な手法の例を示したものです。

分析の種類	基本となる分析手法	より高度な分析手法
回帰分析	線形回帰、決定木	重回帰分析、リッジ回帰、ラッソ回帰、ランダムフォレスト、勾配ブースティング法
分類問題	ロジスティック回帰、決定木	サポートベクターマシン、ランダムフォレスト、勾配ブースティング法
クラスタリング	k-means法	k-medoids法、階層的クラスタリング、DBSCAN

ただし、複雑な手法では計算量の増加や過学習といったリスクがあります。また、データの特性がその手法に合っていなければ、いくら複雑な分析をしても精度は上がりません。使用するデータの特性を見極め、適切な手法を選択することが重要です。

モデルの性能向上テクニック

モデルの性能向上は、分析結果の精度を直接的に高める上で非常に有効です。初期のモデルは必ずしも最適ではなく、さまざまな要因で改善の余地があるため、分析の実施後に改めて調整することが大きな成果につながります。

具体的なテクニックとしては、**ハイパーパラメータチューニング、特徴量選択、モデルのアンサンブル化**などがあります。

■ モデルの性能向上テクニック

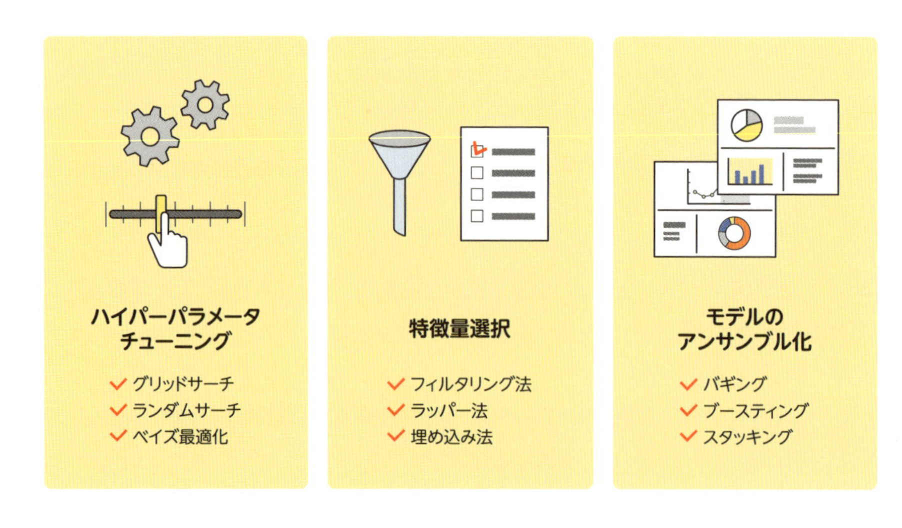

●ハイパーパラメータチューニング

モデルの学習に使用する各種パラメータを**ハイパーパラメータ**と呼びます。例えば、学習率や正則化係数、決定木の深さなどの設定値はハイパーパラメータの一例です。これらのハイパーパラメータを最適な値に設定することでモデルの性能を改善する作業がハイパーパラメータチューニングです。

具体的なチューニングの手法としては、経験や知識に基づいて手動でチューニングする以外に、次のような手法があります。

手法	特徴
グリッドサーチ	あらかじめ複数のパラメータの候補値を決め、そのすべての組み合わせを総当たりで試して最適な組み合わせを探す方法。計算コストが高いが、網羅的に探索できる
ランダムサーチ	パラメータの候補値をランダムに設定して試す方法。グリッドサーチよりも計算コストが低いが、必ずしも最適な値を見つけられるという保証はない
ベイズ最適化	過去の試行結果から、次に試すべきハイパーパラメータの値を予測する方法。複雑なアルゴリズムが必要だが、効率的に最適な値を探索できる

ハイパーパラメータチューニングは、試行錯誤で最適なパラメータの組み合わせを探る作業になるため、多くの計算資源と時間が必要になることがあります。また、パラメータを特定のデータセットに最適化し過ぎると汎化性能が低下するリスクもあります。そのため、過度なチューニングを行わないように、適切な評価指標の設定やクロスバリデーションなどで汎化性能の確認を行うよう注意しましょう。

例えば、小売業の売上予測プロジェクトでは、各店舗の月次売上を予測するために回帰モデル（リッジ回帰や決定木など）を利用します。リッジ回帰では正則化パラメータ、決定木では木の深さなどがハイパーパラメータとなり、これらをグリッドサーチやランダムサーチで調整します。季節性や地域ごとの変動といった要因をより正確に反映するような最適なパラメータを見つけることで、実務に即した予測精度の向上が図られます。

●特徴量選択

特徴量選択は、モデルにとって重要な特徴量を選び出し、**不要な特徴量を除外する作業**です。不要な特徴量を取り除けば、モデルが単純化されて過学習を防ぎやすくなります。また、モデルの学習や予測に必要な計算量が減るので処理速度も向上するというメリットもあります。

特徴量選択の代表的な手法としては、以下の3つがよく用いられ、分析の目的やデータの特性に応じて、適切な手法を選択することが重要です。

手法	
フィルタリング法	統計的な指標（相関係数や分散など）を用いて各特徴量の重要度を算出し、スコアの高い特徴量を選択する手法。モデルに依存しないため、どのアルゴリズムにも適用できる
ラッパー法	実際にモデルを学習させ、その精度を基準に最適な特徴量の組み合わせを探索する
埋め込み法	モデル学習の過程で特徴量の重要度を決定する手法。フィルタリング法よりも精度が高く、ラッパー法よりも計算コストが低いのが強み

例えば、金融機関の顧客分析プロジェクトでは、顧客の属性、取引履歴、

Web利用データなど多様なデータを収集し、信用スコアやローン審査の判断に活用します。すべてのデータをそのまま使うとノイズが増え、予測精度が低下する恐れがあるため、フィルタリング法やラッパー法、埋め込み法を用いて、収入、支出、返済履歴など業務に直結する重要な特徴量を選別します。これによって、より精度の高い分析結果が得られます。

●モデルのアンサンブル化

モデルのアンサンブル化は、複数のモデルを組み合わせることで、それぞれのモデルの弱点を補ってより強力なモデルを構築する手法です。それぞれのモデルは異なる特徴や強みを持っているため、それらをうまく組み合わせることで、**単一のモデルでは捉えきれない複雑なパターンを網羅**し、分析精度の向上につながる可能性があります。

モデルのアンサンブル化には、異なるモデルを組み合わせることで過学習のリスクが軽減できることや、一部のモデルが誤った予測をした場合でも他のモデルがそれを補って予測精度を維持できるというメリットもあります。

アンサンブル化の方法として、**バギング、ブースティング、スタッキング**という3つの方法があります。また、一部の機械学習モデルでは、アルゴリズムの内部でバギングやブースティングを行っています。例えば、ランダムフォレストはバギングを取り入れており、そのようなモデルを手法に採用することによりアンサンブル化を行うこともできます。

手法	特徴
バギング	同じアルゴリズムを異なるデータセットで学習させ、その結果を平均化する手法
ブースティング	予測性能の低いモデルを連続的に学習させ、前のモデルの弱点を補うように誤差を修正しながら次のモデルを学習させる手法
スタッキング	異なる種類のモデルの予測結果を新たな特徴量として、最終的な予測を行うモデルを構築する手法

モデルのアンサンブル化では、組み合わせるモデルは、それぞれ異なる特徴や強みを持っていることが望ましいです。ただし、複数のモデルを学習させる

ため、計算コストが高くなる点にも注意が必要です。

小売業の需要予測プロジェクトを例に挙げると、各店舗の過去の売上データを基に、決定木、重回帰、時系列モデルなど複数の予測モデルを構築し、それぞれの予測結果をバギング、ブースティング、スタッキングを活用することで統合します。これにより、単一モデルの弱点や過学習のリスクを補完することができ、異常値や季節変動の影響が低減した、より安定した予測結果が得られます。

まとめ

- **手法の変更：データの特性に適した手法へ切り替え、より高度なアルゴリズムを活用**
- **ハイパーパラメータチューニング：グリッドサーチやベイズ最適化で最適なパラメータを調整**
- **特徴量選択・アンサンブル化：重要な特徴量を選び、複数のモデルを組み合わせて精度向上**

41 分析の改善・見直し③
評価指標の見直し

適切な評価指標を使用すれば、分析結果がビジネス目標に適合するように管理できます。しかし、目標や状況が変われば、指標も見直す必要があります。指標の見直しを怠ると、誤った意思決定につながるため、定期的に見直すことが重要です。

評価指標の見直しは重要

データ分析の企画段階では適切な評価指標が選択できていても、分析の実施中に状況が変化し、**評価指標を見直さなければならなくなるケースはよくあります**。データ分析は目的に適した評価指標を選択しなければ、誤った結論に基づいて意思決定をしてしまい、期待した成果を得られないリスクが生じます。そのため、評価指標の定期的な見直しが重要なのです。ここでは、どのような場合に評価指標を見直す必要があるのか、これまでのおさらいも含めてまとめます。

■ 分析の改善・見直し～③評価指標の見直し

分析の改善・見直し

データの改善

手法の改善

評価指標の見直し
- ✓ ビジネス目標にマッチしていない
- ✓ 特定の指標への偏り
- ✓ データ分布やデータ構造の変化
- ✓ ビジネスへの影響が評価に反映されていない

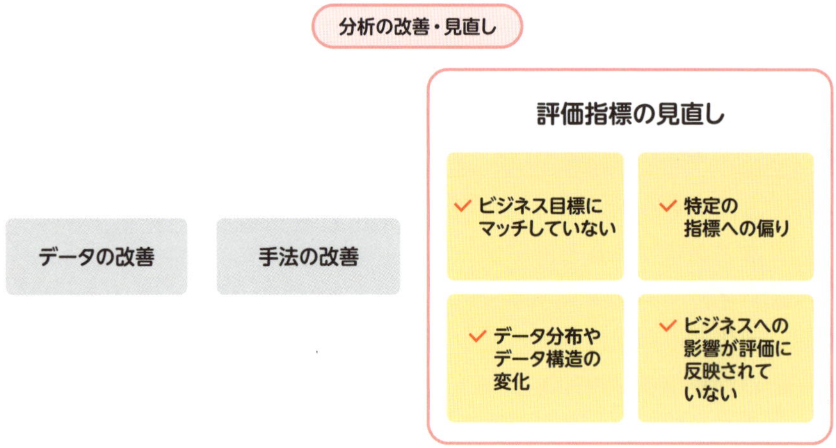

●評価指標がビジネス目標にマッチしていない場合

評価指標は、企業が達成すべき主要な成果（KPI）を反映していなければなりません。例えば、ECサイトにおいて、商品の売上を最大化するためのマーケティング施策を評価したいケースでは、全体のクリック数は評価指標として適切とはいえません。クリック数を最大化しても、それが実際の購入や問い合わせにつながったとは限らないからです。この場合は、クリック数ではなくコンバージョン率を評価指標とするべきです。

異常検知システムであれば、一般的に正常なデータの方が異常なデータに比べて圧倒的に多いですが、関心があるのは異常データを正しく異常と検知することです。そのため、正解率だけでは評価できず、適合率（異常と検知したデータが本当に異常データであった割合）や再現率（異常データを正しく異常と検知できた割合）のバランスが求められます。

●特定の指標への偏りが発生している場合

特定の指標だけを過度に重視することで、偏った評価をしてしまうこともあります。例えば分類問題では、適合率と再現率はトレードオフの関係にあり、両方を同時に満たすことはできません。ECサイトにおいて広告の最適なターゲット層を抽出する分析では、適合率（広告を見たユーザーが実際に購入する割合）を重視しすぎると、再現率（購入可能性が高いユーザーに正しく広告を打つ割合）が低下して潜在的な顧客を見逃す恐れがあります。一方、異常検知システムにおいて、再現率を極端に重視すると、正常なケースまで誤って異常と判断される偽陽性が増加し、業務運用に余計な負担がかかります。ビジネス目標に合わせて、複数の指標を評価指標に設定して、特定の指標に偏りが起きないようにすることも必要です。

●データ分布やデータ構造が変化した場合

時間の経過や市場環境の変化によって、データの分布や構造が変わる場合もあります。そのようなケースでは、以前の評価指標のままだと正確な評価ができなくなる可能性があります。

例えば、新商品が増えて新しい製品カテゴリが登場した場合や、新規顧客の獲得に応じて顧客セグメントを増やした場合などには、2値分類問題に対する評価指標を3つ以上のクラスに分類する問題（多値分類）用の評価指標に見直す必要があるかもしれません。また、食料品の売上予測では、天災や異常気象が発生した場合には売上パターンが大きく変わるため、異常気象の期間を評価対象から外したり、逆に異常気象時に限定した評価を行ったりなどの見直しが必要になります。

●ビジネスへの影響が評価に反映されていない場合

製造業や小売業における需要予測では、RMSEやMAEといった誤差を単純に集計した評価指標だけでは例えば在庫を抱えるコストや、品切れによる機会損失といったビジネス上の重要な要素を十分に反映できません。このような場合、在庫コストや機会損失を加味した複合指標を設定するなど、ビジネスに直結する評価指標の導入が求められます。

■ 評価指標見直しの必要性：4つのチェックポイント

まとめ

- 評価指標はビジネス環境の変化に応じて定期的に見直す
- 特定の指標への偏り：適合率・再現率など複数の指標を設定
- データ構造や市場環境の変化：新しいデータに適した評価指標を導入する必要がある

42 分析結果の報告①
報告に記載すべき事項

データ分析における報告は、その結果を分析の依頼者などに伝え、具体的な行動や戦略につなげる重要なプロセスです。ここでは、報告に含めるべき主要な項目とそのポイントを具体例とともに解説します。

報告は重要なプロセス

分析が完了したらそれを整理して、プロジェクトオーナーや経営層、現場の業務担当者などに結果を報告します。報告者は、報告書やプレゼンテーションを通して、分析結果の要点や得られた知識を明確に伝え、具体的な行動や戦略に関する意思決定をサポートする必要があります。

ここでは、データ分析の報告書やプレゼンテーションに含めるべき主要な項目とそのポイントを、簡単な具体例とともに解説します。

報告のサマリー

報告にあたっては、今回の分析の目的とその結果、考察、アクションの提言などをサマリーとして**1枚の資料に簡潔にまとめ、報告書の冒頭で示しましょう**。

簡潔なサマリーを提示する意図は、結果を端的に理解してもらうためです。報告の受け手が最も知りたいことは、詳細な分析内容よりも、分析結果やそこから得られる具体的な考察・ネクストアクションであることが多いです。報告の受け手は、サマリーをまず確認することで、「今回の分析が目的を達成できたのかどうか」、「できた場合は次にどのようなアクションを取るべきなのか」、「できなかった場合はどんな課題があるのか」という視点を持ちながら、後続の報告内容をより効果的に把握できるようになります。

また、報告の受け手が、詳細な分析結果のすべてに目を通して理解する時間がない可能性もあります。そのような場合にもサマリーは役立ちます。サマリーは以下のようなポイントをおさえて作成することで、短時間で分析結果の概要や成果を理解してもらえます。

- **1ページ程度の分量を目安にする**
- **分析の目的、結果、得られた考察、推奨アクションの提言を明確に提示する**
- **具体的な数値やキーワードを用い、専門用語はできるだけ避ける。わかりやすい言葉で書く**

■結果報告サマリー例：営業員向けの営業支援AI構築における有効性検証

イメージ

1. 有効性結果報告サマリー

有効性検証、および業務利用者へのアンケートを通じて、営業支援AIの効果や目標達成状況を確認しました。

有効性検証の結果報告サマリ

営業支援AI 効果	■定量効果 ・営業支援AIを活用して積み上げた領域Aの売上は**約24億円**となり、活用しなかった場合の**推定値16億円の約1.5倍となった** ■定性効果 ・担当者355人のうち、**半数以上の200名**が**営業支援AIの評価コメント**を確認し、**顧客と接触するうえで参考にした**と回答 ・営業支援AIを活用して渉外活動を行った担当者200人のうち**88%（176人）の担当者がニーズが顕在化する前に顧客に接触することができた**と回答
営業支援AI 予測スコア	・需要予測スコア上位3,000名の顧客について、2023.11の**机上検証時の予測精度を上回る**適合率**74.1%**を達成
改善点	・営業員が頻繁に確認する**CRMツールへの営業支援AIの結果連携ニーズ**を確認

データ分析の背景と目的

報告書やプレゼンテーションの本文では、最初にデータ分析に取り組んだ背景や目的を記載します。データ分析の開始前にステークホルダー間で合意済みの内容ではありますが、**報告の冒頭で「なぜこの分析を行い、どのような課題を解決しようとしているのか」を改めて明確にする**ことで、報告の受け手は今回の報告の内容で目的が達成されたのかどうかを、確認しやすくなります。例えば、以下のような内容を記載します。

- **データ分析の契機となったビジネス上の課題を説明し、分析によって何を明らかにしたいのか、何を改善するのかなどを定量的に示す**

- **ビジネス上の課題やゴールを踏まえた、今回のデータ分析プロジェクトの目的を示す**

■取り組みの背景・課題例：出庫順序、積み付け方法の最適化

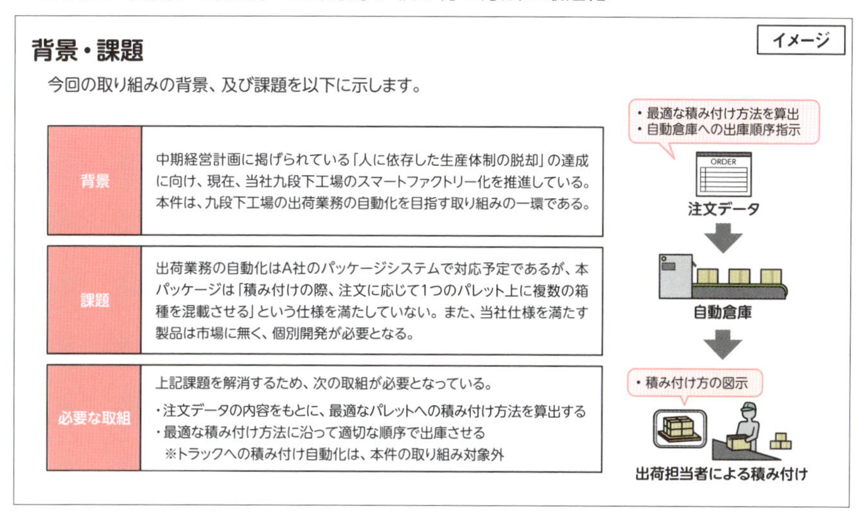

分析に使用したデータの概要

分析に使用したデータは、その種類や特徴、収集方法、収集期間、データソース、データ量などを詳細に説明する必要があります。**データの詳細を明らかにすることで、報告の受け手が分析結果の信頼性や妥当性を評価できる**ようになります。データの概要としては以下の内容を記載します。

- **データソースや収集方法**
- **データの種類、項目、データ件数、各種統計量、分布の可視化グラフなど**
- **使用したデータに特定の期間がない、などの特別な事情がある場合はあわせて説明をする**

■ 使用するデータの例：購買履歴データ分析

イメージ

2　分析に使用したデータ

分析に使用した購買履歴データについて、データの概要、基本統計量、およびデータのレイアウトを示します。

・データの概要

データの外観・基本統計量			備考
取得元		株式会社●●●	家計簿アプリAの運営元
データ範囲（購買日）		2023年1月1日～ 2024年12月31日	2年間
レコード件数		4,121,661件	
登場するユーザ数		1,220名	地域Bに居住するユーザ群
1ユーザ当たりの購入レコード数	平均値	3,378件	1日当たり約4.6件
	最大値	19,436件	
	最小値	1件	

・データレイアウト

項目名	データ型
連番	INTEGER
ユーザID	INTEGER
購買日時	DATE
購買場所（業態）	STRING
購買場所（店舗名）	STRING
購買品名	STRING
JANコード	STRING
購入個数	INTEGER
金額	INTEGER

分析方法とプロセス

分析結果を正しく伝えるためには、どのように分析したのかを説明することも重要です。以下のような項目を説明し、どのように分析をしたのかイメージがしっかりと伝わるようにしましょう。

- **分析手法（時系列分析：ARIMA／SARIMA、回帰モデル：重回帰／機械学習など）**
- **該当の手法を選んだ理由（予測精度、過去の実績、データの性質に合致など）**
- **分析環境（ETL、BI ツールなど）**
- **分析の過程や手順をフロー図などでわかりやすく示す**
- **結果の評価指標や評価基準**

■分析手法と検証パターン例：センサー値を予測するモデルの構築

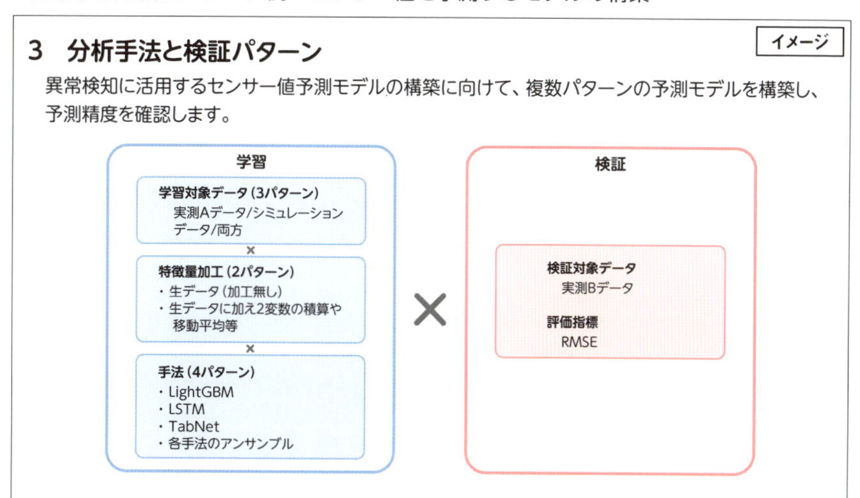

分析結果

報告の中核となるのは、何よりも分析結果です。データ分析によって得られた具体的な知識について説明しますが、単にデータを羅列するのではなくグラフや表を用いてわかりやすく説明する必要があります。

記載する内容は分析のテーマによって大きく異なりさまざまです。例えば、予測モデルを構築する取り組みであれば、その予測モデルの精度は評価基準に対してどうだったのか、複数の手法で予測モデルを検証した場合それぞれにどのような差異があったのか、最終的にどの予測モデルが適切と言えるのか、それはなぜか、などグラフを用いながら説明を展開していきます。

期間の長いプロジェクトの報告書は、この分析結果の部分が重厚長大なものになってしまいがちです。分析結果のすべてを説明する必要はないので、論理展開に飛躍がないよう注意しつつ、最終的な考察や推奨アクションの提言につながる分析結果に絞り、報告に含める内容は取捨選択しましょう。

■ 分析結果詳細の説明例：予測モデルの更新

イメージ

更新後モデルの精度検証結果

モデルの更新前後における予測精度の変化について幾つかの観点で確認し、更新後のモデルに切り替えて問題がないかどうか、評価を実施しました。

<確認観点>
① 最新のデータに対するAUC
② 最新のデータに対する適合率
③ カテゴリ別の精度の偏り

<結果のサマリー>
いずれの観点でも更新後のモデルに問題点は見られず、
切り替えることに問題はないと思われます。
① 更新後のモデルのAUC (0.83) は、更新前のモデルのAUC (0.80) を上回っています。
② 更新後のモデルの適合率 (81%) は、更新前のモデルの適合率 (73%) を上回っています。
③ 更新後のモデルのカテゴリ別の精度に、偏りは特にみられません。

イメージ

モデル更新結果、およびモデルの特性確認

前述の更新方針にもとづいて予測モデルを再構築し、精度を検証しました。
まず、左下図では現行モデルと更新モデルの基準月別の精度について、AUCで比較しました。
・更新モデルのAUCは、すべての基準月において現行モデルよりも高い数値となっています。(①)
　→ 一時的に精度が高くなったり低くなったりしている事象はなく、現行モデルと比較して定常的に高い精度が得られています。

また、右下図では対象者毎のデータ件数を10カテゴリに分け、カテゴリ別にAUCを計算して精度を確認しました。
・概ねどのカテゴリでもAUCが0.8を超えており、安定した精度になっています。(②)
・ただし、データ数が少ないカテゴリの場合にAUCが低くなっています。(③)
　→ データが少ないため、予測しにくい領域と思われます。現行のモデルでも同様の傾向が過去に確認されています。運用上は許容せざるを得ない特性と考えています。

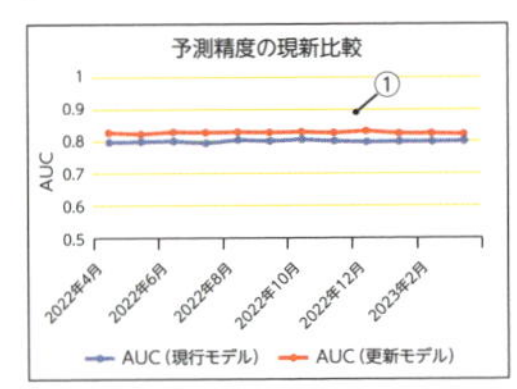

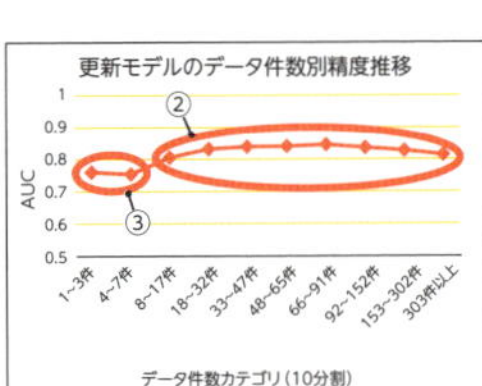

考察と推奨アクションの提言

最後に、**分析結果から何が言えるのかを考察し、どのようにビジネス施策に活用するかを提案**します。分析結果から導き出されるビジネス上の意味合いを明確に示すとともに、今後の行動計画や推奨事項をできるだけ具体的に提示するのが良いでしょう。また、今回のプロジェクトで課題となったことや、次の

プロジェクトに向けた改善案も含めるとより議論が深まるでしょう。

- **分析結果から導き出される示唆として、「現状の課題」と「原因」を整理し、どのポイントを改善すべきかを明示する**
- **具体的なアクションプランとして短期施策、中長期施策を提示する**
- **施策の提示には、リスクや実現可能性、必要リソースを考慮する**
- **施策実施後も効果測定が継続できるよう、各施策に適したKPIを明確化する**
- **「定期的なレポーティングを行い、データに基づく改善サイクルを回す」など、PDCAモデルを想定する**

■ 考察と推奨アクションの例：製造ラインのボトルネック工程の判定

イメージ

■製造ラインのボトルネック工程の判定と考察

製造ラインXについて、複数の判定方法でボトルネック工程を抽出しました。
その結果、工程番号39については、すべての判定方法でボトルネック工程として抽出されました。
そのため、**優先的に改善すべき工程は工程番号39である**と考えます。

#	ボトルネック判定方法	ボトルネック候補と判定された工程
1	判定方法A	工程番号**39**、43、49
2	判定方法B	工程番号**39**、45、52
3	判定方法C	工程番号**39**、55、61
4	判定方法D	工程番号14、23、**39**

■今後の対応について

今回の結果から、**工程番号39の機械を増設し、並列稼働させる**ことでボトルネックの解消が図れるものと考えます。
また、判定方法Bの結果で報告した通り、工程番号39だけでなく、**製品Yと製品Zの製造順による影響**も示唆されています。
さらなる生産性の改善に向け、この点についても調査・分析を継続すべきと考えます。

まとめ

- **報告のサマリー：分析の目的・結果・考察・推奨アクションの提言を簡潔にまとめる**
- **データの詳細・分析手法：データの概要や処理、使用した分析手法と根拠を明記**
- **考察と推奨アクションの提言：分析結果をビジネスの課題に結びつけ、具体的な施策を提示**

43 分析結果の報告②
報告書作成のポイントと注意点

最後に、データ分析の結果を報告する資料作成のポイントと注意点についてです。分析の結果を正確、かつわかりやすくまとめ、報告の受け手へ知りたい内容を過不足なく伝えるための報告書作成のポイントと注意点について解説します。

報告は受け手の印象を大きく左右する

せっかく良い分析をしても、報告の仕方に問題があり、「読んでも（聞いても）よくわからない」、「納得感がない」、「信ぴょう性に欠ける」と報告の受け手に評価されてしまうと、分析の内容を信頼してもらうことができず、推奨アクションの提言も受け入れてもらうことができない、という結果になってしまいます。分析の結果を正確、かつわかりやすくまとめ、報告の受け手へ知りたい内容を過不足なく伝えるために、**分析の結果を報告する資料の作成のポイントと注意点**を解説します。

ストーリーの考案

最初に、報告書の骨格となるストーリーを考えましょう。いきなり作成に取りかかるより、全体像を整理してから資料をまとめた方が、不要な作業を省き、わかりやすい資料を作成しやすくなります。

●報告の受け手を明確に

経営層への報告なら、1枚に要点をまとめ、補足資料で根拠を示す構成が好まれることが多いです。逆に、過去から定期的に分析を共有してきた業務担当者への報告なら、サマリーの簡潔化と詳細説明の充実化が必要です。事前に受け手に相談できるなら、「このようなストーリーで報告して良いか」と確認しましょう。**報告の受け手が誰になるかによって、報告のストーリーは大きく変わる**ため、入念なすり合わせが必要です。

●報告に含める事項と深さを検討

前節「①報告に記載すべき事項」にある流れをベースに、**どこを詳しく、どこを簡潔に書くかを検討**します。スライド単位で順序や内容をアウトライン化しておけば、全体の流れを事前に確認できます。なお、報告書のボリュームが大きくなる場合、複数名で分担して作成することもありますが、スライド単位で記述内容が定まっていると、資料の仕上げの段階でも問題が起きにくくなります。

■ストーリー構成を意識して説明する

イメージ

アジェンダ

1. ご報告サマリ
2. 貴社課題についての弊社理解
3. 目的
4. 使用するデータと分析手法
5. 分析結果
6. 考察
7. 今後に向けて

- よくある報告の流れ。分析結果の部分が重厚になるので、分析結果の中でもストーリーを検討して構成する必要がある。
- 最終的な考察を伝えるために、最小限でわかりやすいストーリーを考える。
- スライド単位で順序や内容をアウトライン化しておけば、全体の流れを確認できる。複数名で分担して報告書を作成する際に問題が起きにくくなるメリットも。

表現上の注意点

ストーリーを決めたら、実際に資料作成に着手します。データ分析の結果を伝える際には、その表現方法によって報告の受け手の理解や解釈が大きく変わってきてしまいます。正確な情報を伝えつつ、誤解や不適切な解釈を避けるための慎重な配慮が必要です。ここでは、分析結果を伝える際のポイントを3つ取り上げます。

●誇張表現を避ける

データ分析の結果を伝える際に、インパクトを持たせるために誇張した表現を使って伝えるようなことはしてはいけません。

例えば、「○○が15%改善した」という事実について、分析者側がこれは大きな成果だと判断し、「○○が劇的に改善した」と表現したとします。しかし、これはあくまで分析者側の主観であり、報告の受け手である経営者や業務担当者からすると劇的なものではないかもしれません。このような書き方は、報告の受け手に**誤解を与える可能性があるだけでなく、印象操作しようとしていると見なされ、報告内容そのものの信頼を失いかねません**。この場合、「○○が15%改善した」のように、具体的な数値を用いて事実として表現することで、客観性や信頼性を高めることができます。

●不確実性や前提条件を明記する

データ分析の結果には、データの収集方法や分析手法、サンプルサイズなど、さまざまな要因によって、常に一定の不確実性が含まれます。分析結果を伝える際には、このような**不確実性や前提条件について十分に説明**し、理解を求める必要があります。

例えば、「今回の分析では、○○という条件下において、○○という結果が得られました」と必ず分析の前提条件を明示します。さらに、「『サンプルサイズが小さいこと』、『○○という要因が考慮されていないこと』に留意する必要があります」と、分析の限界点についても説明しましょう。このように不確実性や前提条件、分析の限界点を補足し、報告の受け手に理解させることで、条件の範囲外の状況で誤った判断を下すのを防げます。

●フレーミング効果を意識

同じ事実でも表現の仕方によって人はまったく別の意思決定をすることがあり、「**フレーミング効果**」と呼ばれます。

例えば、ある病気を治療するための手術について、複数の患者に対し以下2つのいずれかで説明した場合、手術をする決断に違いがあるかを検証した研究があります。

- **A：術後1カ月の生存率は90%である**
- **B：術後1カ月の死亡率は10%である**

上記説明の違いにより、Aは説明された患者群の80%が、Bは説明された患者群の50%が手術を決断し、両者で異なる結果になりました。この違いは死亡という損失の回避によると思われます。説明の工夫により推奨アクションの実行を促せる期待は高まりますが、意図的な誘導と取られないよう配慮も必要です。

報告内容をわかりやすくする工夫

報告の受け手が知りたいのは、前述の通り、具体的な分析内容よりその結果や得られた考察です。分析者側は「報告内容をシンプルに、わかりやすく」と強く意識しましょう。

●必要十分なデータだけ提示

受け手に提示するのは、すべてのデータではなく結論を示すための必要十分なデータに絞りましょう。**必要十分な量に絞った方が、報告の受け手は理解しやすくなります**。削った情報は補足資料にして、質問時の回答用に控えておくと良いです。

●シンプルに1スライド1テーマ

報告書のスライドはシンプルに「1スライド1テーマ」にしましょう。冒頭に結論（リード文）を記載し、下部にその根拠となる情報を表やグラフで示すようなイメージです。**1枚のスライドには、なるべく情報を詰め込み過ぎないことが重要**です。なお、表やグラフについては後述の内容を参考に挿入してください。

●リード文で「事実」と「考察」を区別

リード文にも工夫が必要です。**リード文では「事実」なのか、それとも事実から導いた「考察」なのかを明確に記載**しましょう。報告の受け手は、初めて表やグラフを確認するため、スライドに記載されている内容が事実なのか考察なのかをすぐには理解できなかったり、理解に時間がかかったりします。例えば、リード文には、表やグラフから読み取れる事実を記載したうえで、そこから導かれる考察を記載する、という流れに固定するとわかりやすくなります。

他にはリード文で示す事実は、表やグラフのどこを指しているのか明示しましょう。1つの表やグラフでもそこから読み取れる事実は人によって異なり、また読み取れる事実は複数あったりします。そのため、「今回着目すべき事実は表やグラフのこの部分である」と明示することで、報告の受け手はさらに理解しやすくなります。

■ リード文で「事実」と「考察」を区別

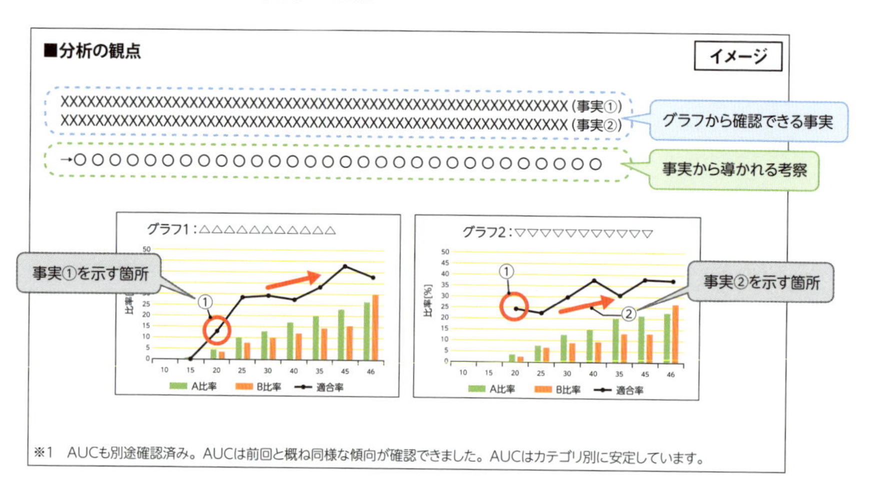

●専門用語もわかりやすく伝える

報告の受け手は必ずしも専門用語を理解しているとは限りません。データ分析の専門用語は使用をできる限り避けて平易な言葉での説明を心掛ける必要があります。やむを得ず使用する場合は補足解説を入れましょう。

■「AUC」の説明例

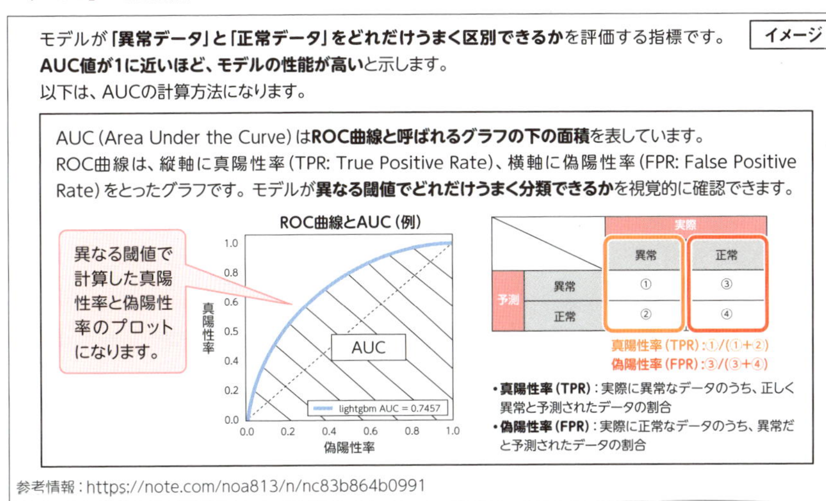

見栄えや表記ルールなどの基本を徹底する

データ分析の報告書ならではの事項ではありませんが、**文書の見栄えや表記ルールを整える際の基本的な注意事項**についてもまとめます。これら基本的な事項が徹底されていないと、報告書としての信頼性を疑われかねないのでしっかりと対応しましょう。

●フォントやレイアウトの配慮

読みやすいフォントや配色、重要な数値や結論の強調、余白を活用した見やすい情報の配置など、フォントやレイアウトの配慮は重要です。報告書全体でレイアウトの統一感を保つことで、報告書の信頼性は高まります。

●用語や名称の統一

分析対象の用語や名称、文章表現について、複数の言い回しが同一の報告書内に混在していると、報告の受け手にとってはわかりにくくなります。複数名で報告書を作成する際、表記ゆれは発生しがちなので、報告書を作成するメンバーで用語や名称の統一に関する認識合わせをしておきましょう。

●データの取得元、引用元の明記

分析に使用したデータ、考察に使用した情報には、取得元や引用元を明記しましょう。

表やグラフの活用

報告書を作成するにあたり、表やグラフの活用は欠かせません。表やグラフの活用方法は奥が深いですが、ここでは**最低限のポイントを抑えておきましょう**。

●グラフ種類の選定

データの種類や目的に応じて、適切なグラフの種類を選定することが重要です。例えば、時系列の変化を示すデータには折れ線グラフ、割合の構成を示すデータには円グラフ、カテゴリごとの比較を示すには棒グラフが適しています。さらに、グラフの強調箇所に色をつけたり、数値のラベルを適切に配置したりする工夫により、効果的に情報を伝えることができます。

ただし、過剰な演出や誇張表現、表・グラフの誤った使い方も無用な誤解を生むリスクがあるので注意しましょう。例えば、3D円グラフ、3D棒グラフには視覚上の誇張効果があるので、正確さが求められるシーンでの使用は推奨されません。

●タイトル、凡例、単位の明示

どのようなグラフや表も、受け手にとっては初見です。グラフにはタイトル、凡例、単位を必ず明示してください。場合により自明のケースもありますが、つけておいた方が賢明です。可能な限り誤解なく、かつすぐに理解できるような配慮はしておくべきです。

●軸の最大値・最小値の扱い

ツールを使用すれば、グラフごとに軸の最大値、最小値は自動的に設定されますが、必要に応じて見直す必要はあります。比較用に複数のグラフを並べる場合、軸の最大値・最小値は統一させましょう。棒グラフでは軸の最小値は「0」

に設定することが適切なケースが多いですが、「0」ではない値を設定する場合は印象操作になってしまう恐れがないか留意して実施してください。

最後に見直しとリハーサル

報告書が完成したら、**最後には必ず見直し**を行いましょう。報告書を初めから最後まで通して読み、ストーリーと分量、誤字脱字、集計結果に間違いがないかを複数名で点検します。また、プレゼンテーションの直前に、報告書を用いた**リハーサルの実施**をおすすめします。リハーサルの実施で、報告者が説明しにくい点を洗い出したり、報告にかかる時間を測定したりすることもでき、非常に有用です。報告の準備段階では、リハーサルの実施も含めてスケジュールを立てると良いでしょう。

大変お恥ずかしい話ですが、筆者の過去の経験として、プレゼンテーション直前まで追加の分析を実施したため、報告書の見直しやプレゼンテーションのリハーサルが十分にできないまま報告当日を迎えてしまったことがありました。その際、プレゼンテーション中に報告書の誤りに気付き、その場で訂正することになりました。これは報告者ならびに報告書の信頼性を損うものであり、皆様にはこのような経験をされないよう、準備の大切さをお伝えできればと思います。

まとめ

- **ストーリーの考案：まずは報告の受け手が誰かをイメージして報告のストーリーを考える**
- **報告書の作成：内容の正確性に注意し、かつシンプルでわかりやすい内容になるよう心掛ける**
- **表やグラフの活用：適切な表やグラフを活用し、報告の受け手が理解しやすいように配慮する**
- **最後には必ず見直し：最後に全体を通して再点検し、さらにリハーサルを行うことで最終チェックをする**

01 効率的にデータを活用するための組織づくり

ここからは付録として、実際の組織において効率的にデータを活用するための「組織づくり」の手引となる情報を紹介します。

組織におけるデータ活用でよくある課題

組織におけるデータ活用には、大きく分けて2種類の立場の人がいます。データを提供する立場のデータ提供者と、そのデータを利用する立場のデータ利用者です。データを収集して保管したり、データをまとめてデータ利用者に配布したりするのが、**データ提供者**です。データの収集、配布の仕組みの構築などをデータ提供者が行います。そのため、IT部門がデータ提供者を担うことが多いです。

一方で**データ利用者**は、提供されたデータを何らかの目的に利用する立場であり、各事業部門の業務担当者や、データ分析を実施するデータサイエンティストなどが該当します。一般的に、データ提供者はデータ利用者の要求に応じて必要なデータを集めて提供します。

立場の違いにより起きる問題とは

提供者と利用者がそれぞれの立場を理解し、効率的にデータを活用できることが理想ですが、現実にはデータ利用者がさまざまな業務部門に存在し要求が多岐にわたり、データの収集元となる業務システムによってデータの仕様が異なります。そのため、例えば以下のような問題が発生してしまいます。

- **データの入力に関するルールが統一されておらず、一部のデータが欠落している**
- **各部門がそれぞれにデータを定義しており、統合できない**
- **同じデータが複数の場所で管理され、重複が発生している**

- **異なるシステムで管理されているデータが同期されておらず、矛盾が生じている**

このような**問題を防ぐためには、組織全体でデータを管理するためのルールや体制づくりが必要**です。このときに特に重要になるのがデータガバナンスとデータマネジメントです。

データガバナンスとデータマネジメント

データガバナンスとは、組織全体でデータを適切に管理・利用するための方針やルールを策定し、それを統制（計画、監視、徹底）する仕組みを指します。データの品質、セキュリティ、一貫性、コンプライアンスなど、組織のデータをさまざまな側面から統制して、データを安全、かつ効率的に利用できるようにすることがデータガバナンスの主な目的です。

データマネジメントとは、データガバナンスで定められた方針やルールに基づき、実際にデータを管理することです。データの収集、保管、加工、分析、破棄など、データのライフサイクル全体にわたって管理し、ガバナンスを行き届かせるのが目的です。そのため、活動は実際のデータモデリングから、セキュリティ対策、標準ツールの選定に至るまで、広範な領域にわたります。

組織の中では、**データガバナンスチームとデータマネジメントチームをそれぞれ設け、互いに連携して、組織のデータ活用に関する諸課題に対応**していきます。データガバナンスチームやデータマネジメントチームの組織や体制にはさまざまなパターンがありますので、以下に企業における一例を紹介します。

データガバナンスチームの体制

データガバナンスチームは企業全体のガバナンスを担うよう、部門を横断した上位のレベルに組織します。チームには、データガバナンス戦略の立案をはじめとするさまざまな意思決定を行う**チーフデータオフィサー**と、全社共通の標準となるデータモデルの検討や、守るべきルールの策定などを行う**チーフデータアーキテクト**を配置します。それぞれの担当する主な業務内容は次表のとおりです。

役割	概要	主な担当内容
チーフデータオフィサー	データマネジメントに関するさまざまな意思決定を行う最高責任者	・データガバナンス戦略の立案 ・データマネジメント組織構築とデータスチュワードの任命 ・企業全体の情報活用施策の推進 ・部門間でのデータにまつわる諸問題の調整　など
チーフデータアーキテクト	データ活用に関する企業全体の仕組みや施策の検討を行う	・標準データモデルの策定 ・データ活用に関するルールの策定 ・データマネジメントに関する人材育成や啓蒙活動など

データマネジメントチームの体制

データマネジメントチームは、各部門に組織します。チームには、**データオーナー**、**データスチュワード**、**データアーキテクト**などを配置し、データガバナンスの実行管理チームとして機能します。それぞれの担当する主な業務内容は次表のとおりです。

役割	概要	主な担当内容
データオーナー	データを生み出す業務部門における責任者。業務的なデータ要件に対して決定権を持つ。業務部門から選出。	・業務要件を踏まえたデータ要件や品質要件などの決定
データスチュワード	担当業務部門のデータ管理に関するルールの検討や管理活動、関係組織との調整役を担う。業務部門から選出。	・担当業務におけるデータ要件検討 ・担当業務におけるデータ管理に関するルール検討 ・担当業務におけるデータの管理 ・部門間のデータ要件に関する調整
データアーキテクト	データマネジメント活動を技術的な側面からサポートする。IT部門から選出。	・データ管理に関するルール策定支援 ・データ管理に関する技術的支援

データガバナンスチームとデータマネジメントチームの関係

データガバナンスチームとデータマネジメントチームは、前者が組織全体にわたるデータ活用に関するルール策定、管理体制の構築、管理状況の監視などの統制を担当し、後者が実際の管理を実行する関係になります。

組織全体を管理対象とする場合、管理する範囲は非常に広範囲に及ぶことに加えて、各業務に対して一定以上の専門知識が必要になります。そのため、**組織では業務領域や部門ごとにデータマネジメントチームを組織するケースが多い**です。

一方で、**データガバナンスチームはデータの利用や管理に関する組織全体の方針や仕組みを検討するため、業務領域や部門を横断する形で組織することが多い**です。大規模な組織では、業務領域や部門間での要件の調整のため、2者の橋渡し役として、ステアリングコミッティ（利害調整や意思決定をする組織内の委員会）を配置する場合もあります。

データパイプラインの整理

組織がデータを適切に管理し、効率的に活用するためには、データガバナンスやデータマネジメント体制を整えるのと同時に、組織内におけるデータの流れ（データパイプライン）を整理することも重要です。**データパイプライン**は、さまざまなデータソースからデータを収集、加工、統合し、利用可能な形式でデータウェアハウスやデータレイクなどの保管場所に配信する一連のプロセスを指します。わかりやすく言えば、**データがどこで発生し、どこで処理され、どこに保管されるのか、そしてそのデータを各部門へどのように配信するのか、がデータパイプライン**です。データパイプラインの代表的な流れを紹介します。

データ収集

データパイプラインの出発点となるのはデータ収集です。組織内部のデータベース、製造現場のセンサーデータ、顧客環境にあるIoTデバイスなど、組織内外のさまざまなデータソースからデータを収集します。

データ蓄積

収集されたデータは、データウェアハウスやデータレイクといったストレージに格納され、蓄積されます。蓄積するためのストレージは、**データの構造や用途に応じて適切に選択する必要があります**。例えば、データの用途が定まっており、データが構造化されている場合はデータウェアハウス、用途が定まっておらず柔軟に加工できる状態が望ましい場合、画像などの非構造化データが含まれている場合にはデータレイクが適しています。

データ加工

蓄積されたデータを、分析の目的に合わせて加工します。加工は、第6章「28 データの加工①」～「30 データの加工③」で解説したように形式を揃える⇒クレンジングを施す⇒構造を加工する、の順に実施します。データをストレージへ格納するタイミングで形式の加工やクレンジングを実施してしまうこともあるので、その場合には必要な加工だけを実施します。ここで、特定の目的や用途のために加工した状態のデータを再度ストレージへ格納することがあり、このストレージを**データマート**と呼びます。

データ配信

加工したデータを、データ利用者のもとへ配信します。配信したデータは分析環境やBIツールに取り込むことで、利用できるようになります。データ配信の方法としては、ファイル出力やAPI連携、ストリーミング配信などがあります。利用者のニーズに合わせて、適切な方法を選択します。

データマネジメントを始めるための知識体系「DMBOK」

組織全体でデータガバナンスを確立し、継続的にデータマネジメントを運用していくためには、体系的な知識に基づいた計画や運用が必要です。そこで参考になるのがDMBOKです。

DMBOKは、データマネジメントに関する広範な知識や活用方法を体系立ててまとめたガイドラインです。正式名称は「Data Management Body of Knowledge」で、国際的なデータ専門家で組織された非営利団体の「**DAMA International**」によって策定され、書籍として出版もされています。

DMBOKには、データマネジメントの目的や用語、基本的な概念、そして管理・運用の適切なベストプラクティスなどがまとめられています。

領域	内容
データガバナンス	データ資産の管理に関する組織全体の方針やルール、体制を定義し、正しく運用する。
データアーキテクチャ	エンタープライズのデータ要件を定義し、システム全体のデータマネジメントの方針を策定する。
データモデリングとデザイン	データ要件を分析し、データのモデル化、データの関連性や明確化、データ構造の最適化などを行う。
データストレージとオペレーション	データの保存・管理・運用のプロセスを策定し、技術やプロダクトを標準化する。
データセキュリティ	データセキュリティポリシーを策定し、データのアクセス管理、暗号化、プライバシー保護などの具体的な施策を実施する。
データ統合と相互運用性	異なるシステム間でのデータ統合や、データ取得経路の最適化などを行う。
ドキュメントとコンテンツ管理	非構造化データの管理環境を整備する。
メタデータ管理	各データに関する属性情報を適切に収集・管理する。
データ品質管理	データの正確性・一貫性・完全性を確保するためのプロセスを策定・運用する。
マスターデータ管理	組織全体で統合されたマスターデータ基盤を整備する。
データウェアハウジングとビジネスインテリジェンス	データウェアハウスをはじめとするデータ活用基盤を整備し、BIツールを活用して事業の意思決定を支援する。

DMBOKは、組織がデータを安全、効率的に活用するための良い手引きとなり、チームのデータマネジメントに関する共通指針とすると良いでしょう。

- **DAMA International**：https://www.dama.org/cpages/home
- **一般社団法人 データマネジメント協会 日本支部(DAMA Japan)**：https://www.dama-japan.org/

02 データ分析人材の確保

企業においてデータを活用し、継続的に成果を得ていくためには、データ分析を実施する人材の確保にも力を入れる必要があります。ここから、データ分析人材の確保の方法や育成方法について解説します。

データ分析人材に求められるスキル

企業においてデータを活用し、継続的に成果を得ていくためには、組織の組成やデータ分析基盤の導入といった環境整備だけでなく、データ分析を実施する人材の確保にも力を入れる必要があります。データを的確に解釈して意思決定に活かす分析には、高度な専門知識と経験が求められるため、適切な人材がいなくては競争力の維持および向上は困難です。

データ分析人材とは、大量のデータから、数学や統計学の知識、さらには機械学習などの技術を活用して、傾向や規則性、関連性などといったビジネスに有用な知識を見つけ出し、その知識をビジネスにおける成果へつなげることができる人材です。

このような人材は一般に**データサイエンティスト**や**データアナリスト**と呼ばれます。多くの場合はこの2者に明確な区別はありませんが、企業によっては役割に応じて「データ分析のさまざまな手法を駆使して、知識や知恵につながる分析結果を生み出すデータサイエンティスト」と「データの可視化を中心にデータから課題を発見し、意思決定に直接つながる知識や知恵を生み出すデータアナリスト」のように、別の職種として扱うケースもあります。データ分析人材に求められる知識やスキルは、大きく分けて次の3つの領域があります。

- **データサイエンス領域**：数学や統計学といった、データ分析に関する知識やスキル
- **データエンジニアリング領域**：ITに関する知識やプログラミングスキルといった、エンジニアリングの知識やスキル

- **ビジネス領域**：対象業務に関する知識や一般的なビジネススキルといった、ビジネスの知識やスキル

つまり、**データ分析人材には、学問的な知識だけでなく非常に幅広い知識やスキルが求められます**。

人材を確保する戦略

そんな人材をどのように確保すれば良いのでしょうか。一般的に、人材確保の戦略は次の2種類に大別できます。

- **もともと知識やスキルのある外部の人材を調達する**
- **今いる人材に知識やスキルをつけて育成する**

外部人材を調達する場合、新規に人材を採用するか、もしくは外部委託するかの、2つの選択肢が考えられます。しかし、2030年にはAI人材が14.5万人も不足するといわれており、データ分析人材も大きく不足することが予想(※)されます。したがって新規採用の場合は、データ分析人材の市場における獲得競争が非常に激しくなり、新規採用しようと思ってもすぐには調達できない可能性があります。一方で外部委託の場合でも、データ分析人材が不足していることから他の職種よりもコストが高額になることが予想されます。また費用面に加えて、契約期間や稼働条件などを考慮して計画的に委託を進めるように注意する必要があります。

※経済産業省「IT人材需給に関する調査 調査報告書」(2019年)：https://www.meti.go.jp/policy/it_policy/jinzai/houkokusyo.pdf

今いる人材を育成する場合、前述したデータサイエンス領域・データエンジニアリング領域・ビジネス領域の3つの領域の知識・スキルをそれぞれ身につける必要があります。もし社内にこの3つのうちのいずれか1つまたは2つのスキルを持つ人材がいれば、そこに足りない領域のスキルを補うことで、データ分析人材として育成できます。ほとんどの企業では、データエンジニアリング領域やビジネス領域の知識やスキルを持つ人材が、データサイエンス領域の知識やスキルを持つ人材よりも多いです。そのため、**データサイエンス領域、**

すなわち数学や統計学の知識をベースにした分析スキルをどのように補強していくかが課題になります。

ただし、このような人材育成の取り組みには年単位の長期に渡る計画が必要です。そのような時間的な余裕がない場合や、継続的に人材育成を実施する余裕がないのであれば、外部人材の調達を検討しましょう。

データ分析に必要な基礎知識

自社でデータ分析人材を育成する際には、数学や統計学に関する知識を補うことが大きな課題になります。必ずしも高度な専門知識が必要になるわけではありませんが、少なくとも下表に挙げるような知識は身につけておくことが推奨されます。**身につけるべき知識の範囲としては、一般財団法人統計質保証推進協会が認定する統計検定3級の出題範囲を目安**にすると良いでしょう。

知識	主な内容
データの種類	量的変数、質的変数、名義尺度、順序尺度、間隔尺度、比例尺度
標本調査と実験	母集団と標本、実験の基本的な考え方、国勢調査
統計グラフとデータの集計	1変数データ、2変数データ
時系列データ	時系列グラフ、指数（指標）、移動平均
データの散らばりの指標	四分位数、四分位範囲、分散、標準偏差、変動係数
データの散らばりのグラフ表現	箱ひげ図、外れ値
相関と回帰	散布図、擬相関、相関係数、相関と因果、回帰直線
確率	独立な試行、条件付き確率
確率分布	確率変数の平均・分散、二項分布、正規分布、二項分布の正規近似
統計的な推測	母平均・母比率の標本分布、区間推定、仮説検定

分析方法として機械学習を導入する場合には、上記に加えて線形代数や微分積分といった、大学初年度レベルの数学についても理解しておくのが望ましい

です。機械学習で扱うデータは、多くの場合、ベクトルや行列といった多次元の数値データとして表現されます。また、モデルの最適化や期待値の算出には微分積分の計算が用いられます。したがって、これらの知識を身につけることで、機械学習をより適切に活用できるようになります。

どのようにして育成を行うか

データ分析に関するスキルを身につける上では、理論の学習だけでなく、実際のデータを用いた実践が不可欠です。特に、実務ではデータが必ずしも整っているわけではなく、ノイズの処理や欠損値の補完など、教科書にはない対応が求められます。

データ分析人材の育成では、このことを踏まえて、**段階的な教育プログラムを組むことが大切**です。たとえば、以下のようなステップを踏むことで、着実にスキルを習得し、業務への活用を促進できます。

1. 書籍やオンライン講座による学習

はじめは、データ分析の基本概念や手法を理解するために、書籍やオンライン講座を活用した学習を推進します。この段階では、データサイエンス領域とデータエンジニアリング領域を中心に、**分析の前提となる知識を身につけることを目標**とします。

学習者が各自のペースでインプットできる反面、アウトプットが不足したり疑問を解消しづらい面があるため、相談窓口を設けるなどのサポートが望ましいです。

2. 社内研修やワークショップ

基本知識を得たら、社内研修でツール活用や実践的な分析スキルを身につけます。一定レベルに達したところで、ワークショップ形式に切り替えるのが有効です。**具体的なデータと課題を設定し、チームで解決策を探ることで実務に近い体験を積めます**。さらに、外部の専門家やコンサルタントの支援を受け、業務データを用いた分析に取り組むと、ビジネス現場への応用が進みます。ここでは業務の内容を理解しているほど的確な課題設定ができ、効果的な学習となります。

3. 資格取得

これまでのステップでデータ分析人材が育ったら、実際のビジネスの中でデータ分析を活用できるようになります。しかし、データ分析の手法やツールの変化スピードは著しく、新しい技術や活用方法が日々生まれています。そのため、**1回の学習で終わりとせず、資格の取得や外部研修の受講を通じて、学習を継続的に行います**。資格の受験費用や研修の受講費用を支援する制度が社内にあれば、積極的に活用しましょう。ただし、資格を取ることだけが目的にならないように注意する必要があります。

4. メンター/メンティー制度の導入

独り立ちできるデータ分析人材が育ってきたら、そのノウハウを社内で継承する仕組みを整えます。例えば、実務経験豊富なメンターが新たなメンティーを指導する制度は、社内での教育効果を高めるうえで非常に有効です。日々の業務の中で直接アドバイスを行えるため、即戦力としてスキルを磨きやすくなります。

データ分析人材の育成は、一度の研修だけではなく、継続的な実践とフィードバックが重要です。こうした取り組みにはコストと時間がかかりますが、育成対象を適切に選定すれば学習効率を高め、短期間で実務に生かせる人材を輩出しやすくなります。また、長期的な視点で各ステップを計画的に進め、育成プログラムの効果を定期的に評価・改善することが成功の鍵となるでしょう。

おわりに

本書では、ビジネスの現場でデータ分析を始めようとする方々に向けて、その基本と実践的な進め方を解説してきました。本書を通じて、「ビジネスで行うデータ分析とは何か」「データ分析に利用される基本的な技術」「データ分析プロジェクトの流れ」について、理解を深めていただけたことと思います。

データ分析は、単なる技術的なスキルというわけではありません。ビジネスの目的を理解し、適切な問いを立て、データを通じて答えを見出す能力が求められます。本書で学んだ基本的な概念や技術は、そのための土台となるでしょう。また、データ分析プロジェクトは往々にして予期せぬ課題に直面します。データの品質、分析手法の選択、結果の解釈など、さまざまな局面で判断を求められますが、本書で紹介したプロジェクトの流れは、そうした課題に体系的に取り組むための指針となるはずです。

データ分析の世界は急速に進化しています。特に技術面においては、新しい技術や手法が次々と登場しています。本書で紹介した分析手法は、基本的なものばかりです。そのため技術面では、本書を学習の出発点として、継続的な学習をすることが不可欠です。

一方で、技術がどれだけ進歩したとしても、データ分析プロジェクトの進め方は大きく変わるものではありません。また、さまざまな立場の関係者と協働するためのコミュニケーション能力も、使用する技術に関わらず常に求められるものです。そのため、本書を出発点に、実際のプロジェクトの経験を通して実践を積み重ねていくことが重要です。

本書が皆様のデータ分析の良き道標となること、そして、ここで学んだ知識とスキルを活かし、データの力でビジネスに新たな価値をもたらすことを、心より願っています。

2025年3月7日
新田猛、木村尚登

| 著者プロフィール |

株式会社 JSOL

https://www.jsol.co.jp/

JSOLは「今はない、答えを創る」というメッセージのもと、お客様の抱える課題を解決するため、コンサルティングやITソリューションを提供する企業。
主なソリューションとして、お客様のデータ活用について、企画～業務実装・自走化に至るまでワンストップで支援するデータ活用支援ソリューション「J-DAP」を提供。

新田 猛（にった たける）

株式会社JSOLに勤務するデータサイエンティスト。東京大学大学院情報理工学系研究科出身。専門分野は数理統計であるが統計分析に限らず、データサイエンス・AI・DX分野における実証実験の推進・コンサルティング・研究開発などに幅広く従事。

木村 尚登（きむら なおと）

株式会社JSOLに所属。早稲田大学理工学部卒。同社に新卒で入社しシステム開発・保守に従事後、金融機関向けの機械学習モデル開発で、データ分析の面白さに触れる。以降、さまざまな業種のデータ分析案件にプロジェクトマネージャとして従事。一児の父。

杉山 貴章（すぎやま たかあき）

有限会社オングスにて、Javaを中心としたソフトウェア開発や、プログラミング関連書籍の執筆、IT 系の解説記事やニュース記事の執筆などを手がける。また、専門学校の講師としてプログラミングやソフトウェア開発の基礎などを教えている。著書・共著書に、『Javaアルゴリズム+データ構造完全制覇』（共著、技術評論社）、『正規表現書き方ドリル』（技術評論社）、『プロになるJava ―仕事で必要なプログラミングの知識がゼロから身につく最高の指南書』（共著、技術評論社）など多数。

索引 Index

アルファベット

あ行

か行

さ行

た行

■ お問い合わせについて

- ご質問は本書に記載されている内容に関するものに限定させていただきます。本書の内容と関係のないご質問には一切お答えできませんので、あらかじめご了承ください。
- 電話でのご質問は一切受け付けておりませんので、FAXまたは書面にて下記までお送りください。また、ご質問の際には書名と該当ページ、返信先を明記してくださいますようお願いいたします。書籍Webサイトのフォームからのお問い合わせも可能です。
- お送り頂いたご質問には、できる限り迅速にお答えできるよう努力いたしておりますが、お答えするまでに時間がかかる場合がございます。また、回答の期日をご指定いただいた場合でも、ご希望にお応えできるとは限りませんので、あらかじめご了承ください。
- ご質問の際に記載された個人情報は、ご質問への回答以外の目的には使用しません。また、回答後は速やかに破棄いたします。

■ 装丁 ―― 井上新八
■ 本文デザイン ―― BUCH+
■ DTP／本文イラスト ―― リンクアップ
■ 編集 ―― 酒井啓悟

図解即戦力 データ分析の基本と進め方がこれ1冊でしっかりわかる教科書

2025年4月9日　初版　第1刷発行

著　者　新田　猛、木村尚登、杉山貴章
発行者　片岡　巌
発行所　株式会社技術評論社
東京都新宿区市谷左内町21-13
電話　03-3513-6150　販売促進部
03-3513-6180　デジタル事業部
印刷／製本　株式会社加藤文明社

ISBN978-4-297-14852-2 C3055

Printed in Japan

■ 問い合わせ先
〒162-0846
東京都新宿区市谷左内町21-13
株式会社技術評論社 デジタル事業部
「図解即戦力 データ分析の基本と進め方がこれ1冊でしっかりわかる教科書」係
デジタル事業部
FAX：03-3513-6161